浙江省哲学社会科学规划课题（15NDJC144YB）资助

渐进更新改善设计方法研究

——历史保护地段内高密度社区国际工作坊

Research of Gradually Renewing Design Method for High Density Community in Urban Historical Area International Workshop

张　佳　黄　杉　（日）内田奈芳美　赵城琦　韩明清　徐　明　编著

中国建筑工业出版社

图书在版编目（CIP）数据

渐进更新改善设计方法研究——历史保护地段内高密度社区国际工作坊 / 张佳等编著. — 北京：中国建筑工业出版社，2016.11
ISBN 978-7-112-19937-2

Ⅰ.①渐… Ⅱ.①张… Ⅲ.①城市规划—建筑设计—作品集—中国—现代 ②城市规划—建筑设计—作品集—日本—现代 Ⅳ.①TU984.2

中国版本图书馆CIP数据核字（2016）第257143号

本次课程是高密度社区渐进更新系列规划设计课程的起始。选择基地位于杭州南宋大皇城遗址保护区，旨在探讨在“历史保护区”这类受法律约束的物质形态恒定区域内，如何将“渐进更新”的理念转换为地域性方法，进而通过实践探索其内部居住单元以及社区可持续发展的途径。全书内容包括背景、意义与方法；场地分析；设计方案；居民和专家会议等。

全书可供广大城市规划师、建筑师学习参考，也可作为高等院校建筑学、城乡规划学、风景园林学等专业师生的有益读物。

责任编辑：吴宇江
责任校对：王宇枢　赵　颖

渐进更新改善设计方法研究
——历史保护地段内高密度社区国际工作坊
Research of Gradually Renewing Design Method for
High Density Community in Urban Historical Area International Workshop
张　佳　黄　杉　（日）内田奈芳美　赵城琦　韩明清　徐　明　编著
*
中国建筑工业出版社出版、发行（北京海淀三里河路9号）
各地新华书店、建筑书店经销
北京京点图文设计有限公司制版
北京方嘉彩色印刷有限责任公司印刷
*
开本：889×1194毫米　横1/20　印张：9⅗　字数：220千字
2017年2月第一版　2017年2月第一次印刷
定价：75.00元
ISBN 978-7-112-19937-2
（29389）

序言

Preface

Shinco

序言 1

《中国社区地域改善的参与型研究手法 2008—2010》课题获得日本文部省科学研究 B 类经费资助后，首先在上海开始了有关居住环境和社区的一系列调查研究。以此为契机，在杭州市开展此次研究。调查通过对当地居民的现场调研，揭示生活和地域改善的相关实态。本次调查的成果主要有：发现居民居住环境改善自律行为的萌芽；本地居民和外来人口间非和谐型社区生活；松散型社区实态。以上海调查的方法论和结论为基础，《基于可选择型社区空间管理的中国社区参与和自律改善 2011—2013》课题再次获得日本文部省科学研究 B 类经费资助，在浙江大学和杭州市政府的协助下，开始本次课题的调查研究。

本次杭州研究的意义：研究初期为日本市民参与和社区规划的技术转移，但日本没有居委会这一中国式的社区组织形态存在。在课题研究的 6 年中，是中国城市开发的高速发展期，为此日本社区规划技术和经验的简单移植需要商榷。伴随经济增长的城市化过程中，要捕捉到通过社区来体现的各种城市变化，需要细致地调查研究和对居民一个一个的采访。在杭州几个大学的协助下，我们完成了这一调查。当地大学的学生能够参与到这次调查型研究中来，我认为意义重大。对于日本学生，可以一边思考日本都市相关研究课题类似点，找出不同国度及城市对于居住环境改善过程重要性的共同认识。

在日本居住环境改善的一些错误行为也长期存在。虽然在空间层面没有绝对的正解，但慎重地与社区各方商讨，充分认识每个居民的居住背景及居住场所选择的理由，而不是仅仅考察方案的经济性和合理性已经是得到大家的共识。作为本次调查实践意义的结晶，我们举办了这次工作坊。

最后，要感谢给予我们热情帮助和支持的浙江大学华晨教授和黄杉老师、协调各方来回奔波的赵城琦先生、促使工作坊顺利开展的浙江大学城市学院徐波书记、张佳博士以及参加本次项目的中日学生。

日本早稻田大学教授　佐藤滋

2014 年 11 月

（吴骏　译）

はじめに 1

杭州市での本研究は文科省科学研究費基盤B「中国での社区を基盤とした地域改善における参加型の研究手法に関する研究」(2008年~2010年)を受け、まず上海市で住環境と「社区」をベースとしたコミュニティに関する調査研究を始めたことがきっかけにある。この調査研究では住民の聞き取り調査を行い、生活と地域改善に関する実態を明らかにした。この調査からは、住民が自律した居住環境の改善を行う萌芽を見せつつも、旧来からの住民と流入住民とが併存して暮らさざるをえない、ゆらぐコミュニティの実態が明らかになった。そこから得た知見や方法論を元に、さらなる研究の発展のため、改めて科学研究費基盤B「中国における社区参加と自律改善のための選択可能な社区空間マネジメント」(2011年~2013年)を受けたことにより、浙江大学と杭州市の協力も得て、杭州市での今回の調査研究を続けることとなった。

我々にとっての杭州市での研究の意義について、当初は市民参加やまちづくりの技術移転という側面も考えていたが、中国型のコミュニティのあり方、居民委員会という日本には無い組織形態、そして前の研究から数えると6年間の中での都市開発の急激な進行などがあり、かなりそういった意味合いも薄れてきたように思う。そういった経済成長に伴う都市化のひずみの中で、コミュニティにあらわれた変化を捉えるために、悉皆調査や住民一人一人への聞き取りなど、我々は杭州大学の協力を得ながら細やかな調査を行った。こういった「調査型」の研究において、地元の大学の学生たちの参加をみたことは非常に意義のあることであったと考える。日本の学生にとっては、日本の都市が抱える課題との類似点を考えながらも、住環境改善のためのプロセスの重要性を異なる文脈の中で共有することは、非常に意義があったことだろうと思う。

日本でも、様々なひずみを抱える地域において、住環境改善についての試行錯誤が長年行われてきた。必ずしも空間的正解は無いのかもしれないが、コミュニティと議論し、各住民が抱える背景や居住場所選択の理由を認識し、経済性や合理性だけにとらわれないプロセスをていねいにつむいでいく、という方法だけは、万国共通であろうと考える。こういった考え方を共有できたのであれば、本調査研究の実践的意義を示すものであると考えて良いであろうし、また、その結晶として今回のワークショップが開かれたといえるだろう。

最後に、お世話になった浙江大学の華先生、黄杉氏、いろんな場面でコーディネートしてくれた趙城埼氏、ワークショップの運営を取り仕切ってくださった浙江城市学院のPresident Xu、Dr. Zhang、及び日中両国の参加学生に感謝する。

日本早稲田大学教授　佐藤滋
Waseda University Prof. SATON SHIGERU

序言 2

与佐藤教授研究团队的合作始于 2007 年杭州运河边的一个研究课题，以及由此衍生的一次有趣的四校联合工作坊。当时他们正计划在上海进行有关居住环境和社区的一系列调查研究，并且在 2008 年成功获得了日本文部省的资助，课题名为《中国社区地域改善的参与型研究方法 2008—2010》。这一计划的第一阶段主要调研工作围绕上海展开，同时由于杭州与上海相比较，在高密度社区居住环境方面有相似性，兼具城市发展脉络与自然环境上的独特性，在研究的后半程，自然而然地将杭州也纳入了案例体系，并成功获得了第二期的资助，这就是《基于可选择型社区空间管理的中国社区参与和自律改善 2011—2013》。第二期主要以杭州的调查研究为主，本书可以看作是对第二期研究工作的小结。

在日本，社区规划和市民参与已经开展了许多年，形成了一整套相对成熟的体系、方法和工具。我们希望看到这些方法和工具能够对中国当前社区规划和建设工作形成有益的助力，同时我们也注意到由于中日两国在社区组织形态、经济发展水平和城市建设阶段上的重要差异，对日本社区规划的经验和技术的学习与研究需要紧密结合我们的国情，这就需要细致的调查研究以及审慎的案例分析。从研究起始的 2008 年到 2013 年，我们与日方团队先后对杭州市上城区的望江、湖滨和紫阳三个场地进行了实地调研和分析工作，并最终选择紫阳街道的一个传统居住院落开展了居民参与历史地段社区渐进更新工作坊，这是具有重要意义的一步。中方的师生全程参与了这一工作，对于学生而言，这些经历都是学校课程当中接触不到的全新课题，与日方师生共同工作的这段时间已经成为他们的难忘经历。

最后，要感谢佐藤教授、内田老师为我们提供了这次研究机会，感谢赵城琦博士的协调奔波，感谢浙江大学城市学院创意与艺术设计学院徐波书记、张佳博士对工作坊的倾力支持，以及中日双方学生的积极参与。

浙江大学教授　华　晨

2015 年 1 月

Preface Two

The cooperation with Professor Sato Research Team dated from a research subject carried out in the side of Hangzhou canal in 2007 and a derived interesting four schools' joint workshop. At that time, they were planning to carry out a series of investigation and research about the living environment and the community in Shanghai. Moreover, they were successfully funded by Japanese Ministry of Education in 2008, with the subject named *Participatory Research Method of Chinese Community Regional Improvement 2008 to 2010.* The main research work of the first phase of this plan is mainly carried out surrounding Shanghai. Meanwhile, because there are similarities in the aspect of high density community living environment between Hangzhou and Shanghai and they have the uniqueness in both urban development venation and natural environment, in the second half of the research, it naturally brings Hangzhou into the case system and it was successfully subsidized in the second phase, which is the *China Community Participation and Self-Discipline Improvement Based on the Optional Community Space Management of 2011 to 2013.* The second phase mainly gives priority to the investigation and research of Hangzhou. This book can be taken as the brief summary to the second phase's research work.

In Japan, community planning and citizen participation have been implemented for many years, which has formed a whole set of relative mature system, method and tool. We hope that these methods and tools can form the beneficial help for China's current community planning and construction work. Meanwhile, we also noticed that because of the important difference between China and Japan in the community organization form, economic development level and urban construction phase, the study and research to the experience and technology from the Japanese community planning need to be closely combined with our local conditions, which requires the detailed investigation and the prudent case analysis. From the initial research of 2008 to 2013, we carried out the field research and analysis work in three sites of Wangjiang, lakeside and Ziyang in Shangcheng District with the Japanese team, and ultimately we chose a traditional residential courtyard of Ziyang Sub-District to carry out the residents participating historical site community gradual renewal workshop, which is a significance step. Chinese teachers and students participated in this work for the whole process. And for students, these experiences are the brand new subjects which can't be learned in the school courses. This period working together with the Japanese teachers and students has become their unforgettable experience.

Lastly, I want to thank professor Sato and Uchida teacher for providing us with this research opportunity, thank Dr. Zhao Chengqi's coordination and hard work, thank the full support of Dean Xubo and Dr. Zhangjia of Zhejiang University City College to the workshop, and thank the active participation of Chinese and Japanese students.

2015.1

Zhejiang University Prof. Cheng Hua

课程简介

在中国当前面临的“存量与减量规划”事实发展趋势下，城市建设必然会从大拆大建走向承认既有环境的可持续更新。这其中既有对法律的敬畏，更重要的是人意识的转变。居住作为城市的主要组成内容，高密度社区更新会成为每个城市无法回避且必须审慎对待的议题，因为这关系到社会的稳定和对人权的尊重。上一轮的旧城改造几乎都是在抹平城市既有肌理的基础上展开，这种简单粗放的方式所带来的一系列城市问题为大家所诟病。已经出现的“有机更新”等名词表明，西方社会开展较为成熟的“渐进更新”理念具备了引入国内城市社区更新的可能性。

本次课程是高密度社区渐进更新系列规划设计课程的起始。选择基地位于杭州南宋大皇城遗址保护区，旨在探讨在“历史保护区”这类受法律约束的物质形态恒定区域内，如何将“渐进更新”的理念转换为地域性方法，进而通过实践探索其内部居住单元以及社区可持续发展的途径。

课程包括前期调研和现场工作会议两阶段内容。在前期调研阶段，日本早稻田大学佐藤研究室的师生联合浙江大学区域与城市规划系老师于 2013 年 12 月开展了为期 3 天的第一次实地调研，并与社区及所在辖区政府管理人员进行了初次交流。之后，基于日本师生构建的基础调研框架，浙江大学城市学院环境设计系的学生进行了补充调研，同时日方老师为课程制定了方法论和工作流程。第二阶段现场工作会议于 2014 年 3 月 14 日至 20 日在杭州进行。根据前期预设的“功能静态保留”、“公共设施介入”、“经营设施植入”三类典型且可能的发展方向，中日两国学生混编形成 3 个工作小组将其方案化。在集中工作的中期，召开了面向住户的居民现场工作会议，向每户居民代表详细解释了每个方案的概念和细节，组织居民公众参与。随后，根据居民参与的意见对每个方案进行了调整，并在集中工作末期的专家会议中，向专家展示了相关成果。

课程的核心目标并非是完全解决当前的问题，虽然参与课程的师生或多或少会有这样的理想，但是更现实的是通过这个过程让利益相关者对问题有全面而深刻的认识，包括居民、政府管理者、学生、老师、学者。于居民和政府管理者而言，课程为大家建立了一个相互理性交流的平台，这对实际问题的解决必然会有所裨益。于学生而言，课程为大家建立了理论联系实际的平台，“公众参与”、“渐进更新”在现实中往往会演化为一些邻里家常的实际问题，如何运用理论来解析这些实际问题，反之如何利用实际经验来拓展相关理论，两方面的历练能够帮助学生建立系统性的专业基础。

浙江大学城市学院环境设计系主任　张　佳

Course Introduction

Under the development trend of the current “inventory and reduction plan” in China， the urban construction will inevitably move from demolishing and rebuilding to the existing environment’s sustainable renewal. There is the awe of the law， and what more importantly is people consciousness’ change. The residence is the main component content of the city， and the high density community update will become the inevitable topic which shall be prudently treated of every city， and it is related to the social stability and the respect of human rights. The previous round of old city reconstruction was almost carried out based on destroying the city’s existing texture， and a series of urban problems brought by this kind of simple and extensive way are denounced by people. The arisen “organic renewal” and other nouns show that the relative mature concept of “gradual renewal” carried out by the western society possesses has the possibility of introducing into the domestic urban community update.

This course is the start of high density community gradual renewal series planning and design course. The selection site is located in Hangzhou Southern Song Dynasty Emperor City Ruins Reserve， which aims at discussing how to change the concept of “gradual renewal” to regional method within the “historic preservation” （the physical form constant area which is legally binding）， thus to explore its internal residential unit and community sustainable development path through practice.

The course includes two stages of content of the early survey and the field work conference. In the early research stage， teachers and students of Sato laboratory in Waseda University united with the teachers of

Zhejiang University to carry out the first three days' site research in December 2013, and they made the first communication with the government management office of the community. Later, based on the basic research framework constructed by Japanese teachers and students, the students of Zhejiang University City College Environmental Design Faculty carried out the supplementary research, and meanwhile, the Japanese teacher formulated methodology and work process for the course. The second phase's field work conference held in Hangzhou during March 14 to March 20. According to the preset three typical and possible development directions of "function static reservation/public facilities intervention/operation facilities implantation" at the earlier stage, Chinese and Japanese students were mixed and formed 3 work groups to make it schematization. In the middle of concentrated work, it held the resident field work conference of the residents oriented, explained the concept and detail of each scheme to every household representative in detail, and organized public participation. Later, according to the residents' opinion, it adjusted each scheme and exhibited the relevant achievements to the experts in the expert conference of the terminal stage of the concentrated work.

The core goal of the course is not to completely solve the current problems. Although, the teachers and students participated in the course have such an ideal more or less, what more realistic is to make the stakeholders have a comprehensive and profound understanding to the problems through this process, including residents, government managers, students, teachers and scholars. For the residents and the government managers, the course established a mutual rational communication platform for everyone, which is bound to be beneficial for solving the actual problems. For students, the course established a platform of combining theory and practice. Public participation and gradual renewal always relate to some neighbor practical problems in reality. How to utilize the theory to guide the reality? How to enrich the theory with practical experience? The course will establish the systematic professional foundation for students to engage in this work in the future.

Zhejiang University City College Dr. Jia Zhang

目 录

Contents

背景、意义与方法

Background, Significance and Methods

紫阳街道工坊及其意义

埼玉大学 经济学部 副教授 内田奈芳美　　吴骏 译

本文基于日本研究团队的背景和立场对紫阳街道工作坊开展的意义及过程作逐一说明。工作坊尝试在日新月异的中国开展类似日本国内的居民参与型居住环境改善活动，并考察其不同之处。日本方面由 3 所大学共同组建了研究团队，并在早稻田大学佐藤教授和东京工业大学真野副教授的协助下展开了这个项目。以下，我将整理日本团队的理念和行动。稍作词汇整理，本文将这次由学生参加的短时间内集体作业称为工作坊，而在工作坊中就完成的设计成果与当地居民讨论的会议称为工作会议。

1. 日本团队的研究背景及目的

1） 日本团队为何将杭州作为研究对象

本研究的背景为：第一，我们在上海已经开展了中国密集市街地的居住环境研究，对基于居住环境改善的中国地域管理的存在方式要作进一步的调查。上海市从 2008 年后城市化进程进一步加速，在同济大学的协助下，我们对位于历史建筑物保护区和主干道沿线开发区之间这一狭小空间内的社区进行了调查。那次调查的经验是我们要把调查重点放在代表社区和运营组织的居委会上，居委会作为各类城市问题的解决主体，值得我们做进一步深入调查。从行政和财政两方面看都无法依靠自身力量完成改良型地域的再生，我们只能期待来自居民的自律型改善。居委会是连接政府和居民间的桥梁，在特定区域内从福利、安全和生活支援各方面发挥着巨大作用。居委会还是社区居民的保险带，这个中国特有的社区制度在管理中有无与伦比的优势。第二我们与浙江大学有着广泛的学术合作关系，而且杭州市在居民参与型居住环境改善方面有过成功尝试。结合上海经验项目的经验，让市民自主参与居住环境的改造并加入到讨论中，这样的工作坊一定会有丰硕的成果。第三居住环境改善技术的相互交流。中国城市特有的超高密度复合用途的居住环境再生与我国的木造密集市街地实态 的比较是一个求同存异的过程。首先比较二者间表述上的差异，然后实战检讨居住环境改善的技术手法，或许可以提炼出我国地域再生的新理论和新方法。本次调查从自律型居住环境改善的空间和手法两方面展开探讨，目的是为了反映项目的实际现场状况。

2）在日本开展的中国研究

在日本的中国研究是从社区层面角度来揭示社区的现实状况，例《上海静安区里弄住宅的更新及居民居住环境变化的考察》(《日本建筑学会规划系论文集》，2006)，它们的研究对象是上海里弄、北京四合院等，从建筑规划视点而非社区的存在意义来考察传统居住环境。社区和社区规划的观点，这种调查的关注焦点是居住环境的硬件缺点。

3）调查研究和工坊的社会背景

现在的中国伴随着经济的高速发展，由政府主导的城市开发，整个社会系统进入良性循环。但高度开发所带来的“城市病”和居住环境的恶化在城市内部滋生蔓延。作为居住环境扭曲的修正手段——居民参与，开始崭露头角，这也是社会达到一定成熟程度的必然趋势。居民参与型工作坊要求居民、专家、政府各担其责，调整多种利害关系来达到社区未来景象的共有。这次在紫阳地区开展的实验性质的工坊，是我们在居住环境改善方法论的提取道路上迈出的第一步。

4）研究目的

本研究目的是要阐明中国特色的社区参与型社区规划结构框架和发展方向。首先为揭示项目的现状和实态，我们确立以下调查点：

（1）对社区运营存在方式的思考。为此对全体居民开展了关于社区的意识调查和密集街区社区运营的基础调查。目的是：探讨居委会和街道能否成为社区运营过程中的主体、社区运营的示范态势，提供市民参与程序，思考社区运营实际操作性。

（2）通过社区空间的实态调查为社区运营的硬件配置提出方案。在经济成长状态下居住环境和土地利用的对立、密集住宅地特有的公共空间私有化和私人领域的扩大等条件下，以不破坏个人生活方式和空间使用为前提，兼顾土地开发，制定软硬件一体化改善的规划方案。

经过以上的研究实践，希望能够最终揭示针对中国社区的整体地域再生模型。最终的提案内容在报告后半部分的工作坊成果说明中加以阐述。本文只对研究的目的和方法进行探讨。

2. 研究方法

1）杭州市调查

在紫阳街道的工坊举办之前，在杭州市内已进行了 3 个地域调查研究，在此基础上最终确立以工作坊的形式展开本次研究。针对不同的地域特点依靠统一的方法论，我们作了杭州市内的 3 个调查。以下对 3 个地区（包括紫阳街道）的背景和研究方法作一说明（图 1）。

图 1　研究区域在杭州的分布

（由日本团队学生绘制）

2）3 个研究对象地区

望江地区：该地区最早是杭州城外的农村地区，城市化后仍然保留了部分农村集体所有土地，公共设施整备和居住环境改善相对落后。因为毗邻被称为城市化引擎的杭州火车站，价格合理、交通便利的高层住宅需求旺盛，该地区的土地开发被寄予厚望。

湖滨地区：邻接西湖，有大量“超级街区”开发后遗留的密集住宅，被称为“都市的口袋”。西湖作为世界遗产每年有大量游客到访。该街区的外侧部分用途已经转变为游客服务，这一转变也影响到街区内部居民的生活。这是一个观光和居住、高级住宅和传统住宅两种对立价值观并存的地区。

紫阳地区：最后是本次调查区域也包含在内的紫阳地区，距聚集众多观光点的中山路仅一步之遥，还保留着一些杭州老城区的风貌。住宅和菜市场相邻，居民生活十分便利，但也带来一些卫生问题。有的住宅外观相同，房屋产权不同，土地所有制差异给该地区的居住环境改善带来诸多困难。

以上 3 个地区都处于城市中心，但在土地所有权、土地开发条件、开发压力三要点上各不相同，作为差异化的考察对象可以提炼出正确的居住环境实态。

3）方法论的制定过程

作为方法论构筑的前提，我们进行了社区和社区空间的实态调查、工作坊操作和学生提案。杭州市的研究方法论也借鉴了上海项目的一些经验（图 2）。

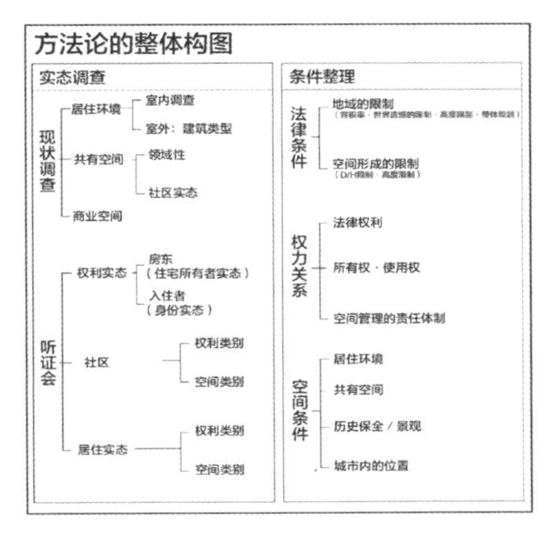

图 2　调查研究的技术框架

为制定上海提篮桥地区渐进式密集街区开发的方案，我们以社区保护方法、社区运营草案和联动型空间形成、保护和开发的平衡为关键词进行了社区听证调查、行为调查和居住环境的意识调查。上海规划提案的缺点是没有明确阐述现状限制的突破方法，因此需要再次整理各项条件制定一个明确的方案。经过对提案的反省，方法论重整以及不同区域缜密的条件整理，才能再次形成方法论的构筑（图 3）。

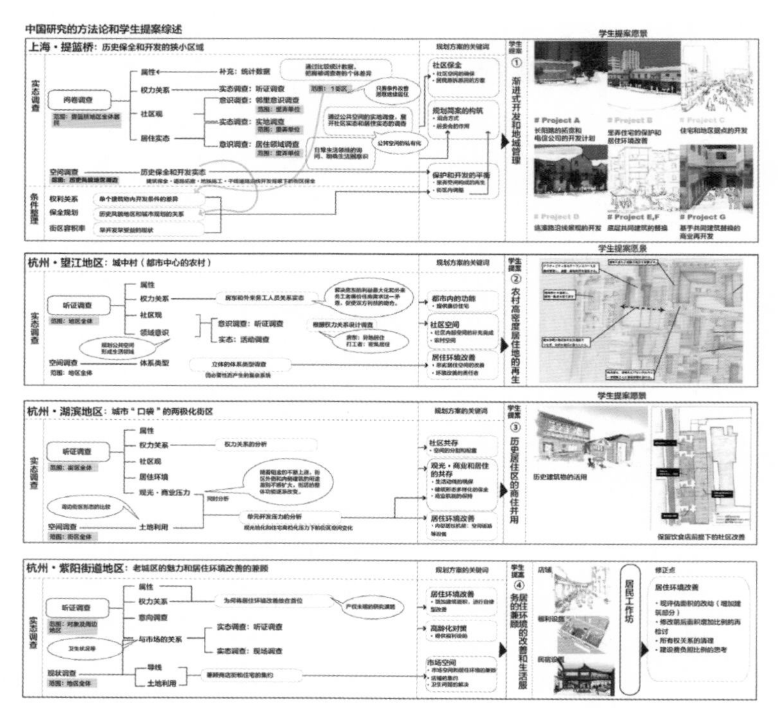

图 3　调查研究方法的本土化

上海经验开始杭州的调查研究。对于望江地区的城中村（被都市包围的农村）问题，与上海项目相同首先进行了听证调查；鉴于城中村这一特殊空间存在形式，进行居民全员调查并分类。通过产权关系的听证调查分析，我们了解到房东都居住在杭州的其他区域，真正在城中村内居住的是外来务工人员。该区域居住环境差强人意，居住面积狭小，但在城市中心提供了低租金住宅。一边是希望利益最大化的房东，一边是希望在市中心获得廉价出租房的务工人员，两者的利害关系不谋而合的必然结果是形成过密居住环境。基于这种双赢利害关系，住宅户数无序增加，为扩大私人领地也产生了大量复杂的建筑形态，我们对这种“立体建筑形态”进行了三元次空间分析。以“廉价住宅用地功能（确保回迁用地）”，“过密住宅区内社区空间的保证”，“居住环境改善的特定执行者（外部居住的房东等）”为关键词，在调查结果的基础上我们制定了农村高密度居住地再生方案（图 4）。

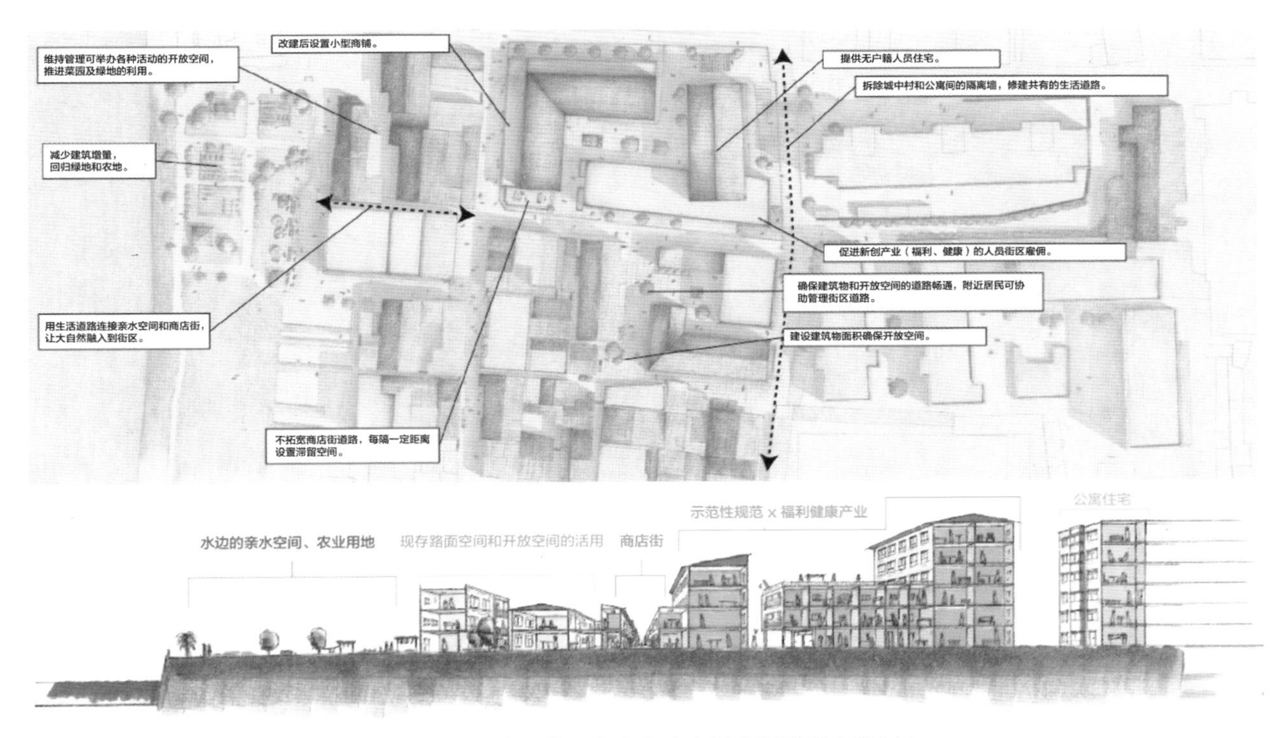

图 4　望江地区的研究方案（由日本团队学生绘制）

接着对于开发中的都市口袋、二分化街区的湖滨地区，我们以听证和空间调查为核心召开调查。作为邻近西湖的土地开发区域，在我们调查期间湖滨地区外侧的商业化发展较快，一些集体住宅被改造成高档宾馆。而在街区内部还保留大量的历史建筑物，大排档、廉价食品为人们提供便利的生活服务。

为此对居民进行了关于观光和开发压力的专项听证调查，结果是当地居民并未感到压力。但做完土地利用实态调查后，居民感受到较大的变化压力。因此，对于该地区学生们制定了以“社区共存”、“观光、商业和居住共存”为目的的多种建筑形态和社会服务一体化的路面空间保护方案（图 5）。

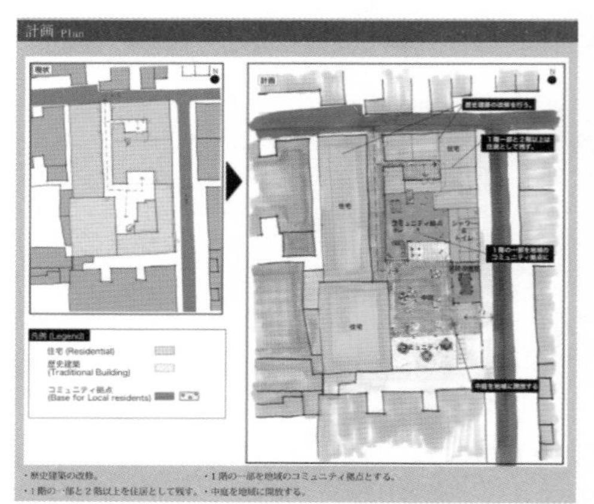

图 5　湖滨地区的研究方案（由日本团队学生绘制）

经过以上调查经验，我们把杭州的第三个调查地区——紫阳地区的规划主题确定为“老城区的魅力与居住环境改善的两立”，并把对象单元 60 号作为采访焦点进行听证和空间调查，经情报整理和当事人意识分析，确定以工作坊的形式展开进一步调查和分析。

3. 紫阳街道地区的居民工作坊

紫阳街道地区的居民工作坊参照此前规划方案的关键词，整合多种居住环境改善方法论，提出更具操作性的居住环境改善未来景象。工作坊的详细过程在后面再作介绍。以学生的方案为基础，召开由居民和当地有关部门参加的协商会。在会上，大家畅所欲言结合实际对规划方案提出修正。事实上，在工作坊中居民们尚未展开真正意义上的民主讨论。居民的问题意识是政府应该解决房屋的所有权问题，大部分的讨论也集中在这点上。为解决这个问题，必须确立市民参与的方法论，而且在协商会召开之前，政府和居民应事先整理协商内容。作为研究方法论的居民参与型工作坊有利于帮助我们更深刻地把握实态。对于在实战中居民指出的分析和实态间的乖离，则要求我们贴近实情对工作坊作进一步改良。希望浙江大学、居民和政府相关部门能够共有工作坊这个技术手段，希望这次工作坊能够成为今后中国城市问题讨论的有效工具。

4. 展望

根据这几次工作坊的经验，作为个人见解，我有以下展望：

第一步是居民工作坊举办前的条件整理。工作坊作为接收参与者各种意见的平台，要解决的是社区共有的课题，而非一些个体问题，这点要区别对待。为了防止个别课题的以偏概全，要做到课题的共有。讨论的主题要限定在历史溯源、制度和权利的合法性等方面，并作好事前条件整理以形成多方讨论的平台。如此大家才能在这个平台上开展建设性的探讨。

第二步中是继平台的形成。为构建政府和居民间的信赖，共有课题和社区未来景象，这个中继平台十分重要。在这次实验性质的工作坊中，我们要摒弃“实验”因素，大家坐下来，心平气和地召开多回合的探讨。在社区运营上，工作坊不光是问题解决的平台，更是信赖关系的构建平台。

第三步是明确立场和职责，开创协动精神。排除单方的要求或命令，认识到居民有居民的作用和职责，政府有政府的作用和职责，用双方的协动达到社区运营和地域改善的目的。因此居住环境并不应该是居住面积这一僵化的数值，它应该是居民生活需求满足度这一质的数值。

通过这次尝试，围绕居住环境的“质”这个主题召开讨论，得出了新的视点和手段。确实，学生的方案也许不会带来立竿见影的效果，居民对方案的实现性也会有诸多疑问，从以往经验看还有很多不确定因素，但是在今后的社会发展中，当时的那些方案也可能会付诸实现。面向未来，在困难中探索才是最值得期待的。

紫陽街道地区のシャレット・ワークショップとその意義

埼玉大学 経済学部 准教授 内田奈芳美

本文は、杭州市での研究調査、およびその集大成としての紫陽街道地区のワークショップについて、日本チーム側の立場からの背景の説明と位置づけをおこなうと共に、本活動の意義を解説するものである。日本ではこれまで住民参加による住環境改善の活動の蓄積が行われてきたが、変化のスピードが速い中国において、こういった試みがもたらす変化について本文で考察する。

日本チームは3つの大学の共同研究チームとして活動を行った。早稲田大学の佐藤教授、東京工業大学の真野准教授との協働によることを最初に述べた上で、以下私が代表して日本チームの活動と理念を整理したい。

用語の整理として、本文では今回の学生による集中作業はシャレット（集中してデザインを行うワークショップ）と呼び、シャレットで作成した案を住民と議論した会を「ワークショップ」と呼び分ける。

1. 日本チームの研究の背景と目的

1）日本チームがなぜ杭州市を研究対象としたか

我々が本研究を始めたのは下記のような背景からである。

第一に、これまでの中国での過密市街地の住環境研究（上海市）から、住環境改善における中国での地域マネジメントのありかたについて、さらに調査を進めるためである。我々は2008年から急速に発展する都市である上海市のコミュニティ研究を行っていた。上海市では、歴史的建造物が残る保全指定地域と幹線道路沿いの開発との狭間に置かれたコミュニティの調査（ティーランチャオ地区）を、同済大学の協力を得ながら行った。そういった経験から、我々はコミュニティとしての社区、及びその運営組織としての居民委員会に着目して、それらが都市課題を解決する主体となるのではないかと考え、さらなる調査を必要とした。行政側も財政的な面から改良型の地域再生をすべて自力で行うのは不可能であり､住民の自律的な改善を期待しているということもあった。さらに、行政と住民をつなぐ中間支援の役割として､居民委員会の存在があり､福祉や安全、生活支援の面で、地域で大きな役割を果たしていることが分かった。居民委員会は各社区に存在し、住民のセーフティー・ネット的な役割を果たしており、こういった社区制度の持つ強みを分析発見することが重要であると考えた。

第二に、上海市での経験を経て杭州市を調査対象としたのは、浙江大学との人的結びつきが基盤にあったということもあるが、加えて杭州市が住民参加型の居住環境改善の経験がある先進地域であったからである。そういった基盤がある地域において、市民が自らの住環境について議論に参加するプロセスを共有することは意義深いと考えた。

第三に、住環境改善のための技術の学び合いという側面もある。中国の都市部の特徴である超高密度で用途の複合した居住環境の再生は、我が国の木造密集市街地の実態とは異なる改善のありかたを持ち、こういった異なる文脈で比較しながら住環境改善のあり方を検討することが我が国の地域再生にも新しい知見を得られると考えた。

これらの背景から、自律した住環境改善のあり方を空間と担い手の両面から検討し、実際の現場にそれを反映することを目指して、本研究がスタートした。

2）日本での中国研究

既往研究として、日本での中国研究は、社区レベルの視点からコミュニティの現状実態を明らかにした研究(威他｢上海静安区における里弄住宅の更新による居住者の住環境の変化に関する考察｣日本建築学会計画系論文集、2006）もあるが、研究の多くは上海の里弄や北京の四合院など、建築計画的視点から見た伝統的居住環境の調査である。コミュニティ・まちづくりの視点からその居住環境のひずみに着目し、社区の存在意義を明らかにした研究は行われていない。

3）調査研究とワークショップの社会的背景

これまでの中国では、経済成長と共に行政による高度開発を進める必要があり、社会システムもそれを良しとしていた。しかし、高度開発とまだらなジェントリフィケーションのもと、住環境のひずみが都市の内側で生じてきていることは明白である。こういった状況の中で、ひずみを修正する手段のひとつとして「参加」を試みようとするのは当然のことであり、また、社会の成熟度からもそれを受容する段階に来ていると考える。

住民参加によるワークショップは、インタラクティブに計画案を考える手段であり、政府、専門家、住民のそれぞれが責任を持ちながら、多様な利害関係を調整し、将来像を共有する上で重要な技術であるといえる。今回紫陽地区で実験的にワークショップが行われることは、今後住環境改善を考える上での方法論として一般的に取り入れられるための第一歩を踏み出したと言える。

4）研究の目的

本研究は、中国型のコミュニティ参加のまちづくりの骨格と発展方向を提案することを目的とした。まず現状実態を明らかにするために調査する点として、次のようなことが挙げられる。

第一に、社区運営のあり方を考えることである。そのために、住民には可能な限り悉皆調査でコミュニティ（社区）に対する意識調査を行い、過密した市街地での社区運営のための基礎調査を行う。その上で、社区運営のプログラムを考える上では、「居民委員会」や「街道」などの主体の可能性を探る。そういった社区運営の態勢モデルと共に、参加のプログラムを提供し、社区運営の実現性について考えることを目的とした。

第二に、社区運営をハード面から提案するための社区空間の実態調査である。過密した居住地特有の公共空間の私有化や私的領域の拡大と、経済成長に伴う住環境とその他の土地利用との両立を考える上で、個人的な生活スタイルや空間の使いこなし方、そして開発圧力を明らかにすることで、ソフトとハードが一体となった提案作成を行う。

以上の研究実践から、中国の社区におけるオルタナティブな地域再生のモデルを最終的に提示することを目的として、本研究を行ってきた。最終的な実際の提案内容は本書の後半でのシャレット成果の説明に譲るとして、本文ではこれらの研究目的を満たす上での、調査研究の方法論を解説することを主とする。

2. 研究の方法

1）杭州市での調査

紫陽街道地区でのシャレット開催に至るまでに、杭州市内で特徴ある地域の研究をおこなった。そこで得られた知見から、最終的にワークショップという方法を適切であると考え、実行するに至った。杭州市内での調査は、統一した方法論のフォーマットを持ちつつ、地域化した方法を持って行うこととした。では、方法論確立のために調査を行った地区について、それぞれの背景と研究の方法論を以下説明する。

2）３つの研究対象地区

杭州市での研究対象地区はシャレットを行った紫陽街道地区を含め、次の 3 地区であった（図 1 ）。

（ 1 ）望江地区：この地区はもともと都市の城壁外にあり、農村地区であったものが、スプロールの中で飲み込まれ、「農村」という共同土地所有の形態を持ったまま都市化した地区である。よって、インフラの整備や住環境の改善が進まない地区であった。ただし、都市化する中で都市のエッジに作られた杭州駅が新たな結節点としての集約性を持ち、駅に近接する望江地区はむしろ立地としては望ましいという状況に置かれたのである。そのため、安価で利便性の高い住宅を求める層が流入した地区である。

（ 2 ）湖浜地区：西湖に隣接し、スーパーブロック型の開発に取り囲まれた中で旧来型の密集した住まいが残存した、アーバンポケットとも言うべき地区である。世界遺産である西湖は多くの観光客を惹きつけ、そのため街区の外側一枚は観光客用の用途に変化し、それがじわじわと街区内部へと影響を与えている地区である。観光と居住、高級化と旧来型の住まい、という二項対立的価値観の併存が見られる地区である。

（３）紫陽地区：最後に今回のシャレットの対象地区となった「紫陽地区」であるが、観光拠点的整備を行った道沿いから一歩中に入った、下町としての様相を残す地区である。日常生活としての市場と住宅地が隣接していることから、住民にとっては衛生問題が生じているが、日常生活としての利便性は高い地区である。ただし、同じように見える住宅が並んでいても、所有形態は全く異なる実態があり、そういった土地所有制度のズレが全体的な住環境改善を困難にしている地区である。

これらの地区は、それぞれに中心市街地としての特性ある機能を持ちつつ、「土地所有制度」「立地条件」「開発プレッシャー」という三つのポイントが全く異なることから、比較対象として取り上げることでまだらな住環境の実態を浮かび上がらせることができると考え、研究対象地区とした。

３）方法論のフォーマットづくりのプロセス

方法論の構築の前提として、我々の研究チームはこれまでコミュニティとそれをとりまく空間の実態調査に焦点を置き、調査を行ってきた。その上で、シャレットでの作業と同様に学生提案を行ってきた。杭州市での研究の方法論は、上海市での研究を通して構築されたものである（図２）。

上海市ではティーランチャオ地区を対象として漸進的な開発を進めるための提案を作成するべく、「コミュニティ保全のあり方」「社区運営スキームと連動した空間形成」「保全と開発のバランス」をキーワードとし、コミュニティへのヒアリング調査、アクティビティ調査、住環境の心理的「領域」への意識調査を行ってきた。上海での計画提案の限界は現状の制限をどのように突き抜けるかという視点に欠けていた点であり、条件整理をより明確にした上で提案を作成する必要があった。それらの反省から、方法論は踏襲しつつも、各地域の緻密な条件整理の必要性と、それらを踏まえた上での方法論の構築が必要であるとの考えに至った（図３）。

そこで、上海での経験を踏まえて杭州市の調査を行った。

まず「城中村（アーバンビレッジ）として、都市化に囲まれた農村」である望江地区である。ここでは上海と同様にコミュニティに対するヒアリング調査を行い、また、城中村であるという特殊事情から生じる空間を明らかにするため、悉皆調査し、分類した。まず権利関係別にヒアリング調査を分析すると、外部に居住する大家と、フローとしての住民である労働者、という関係が見えてきた。その中で、住環境がとりわけ良質であるとは言いがたく、居住面積も狭いながらも、中心部に近い安価な住宅の供給地としての役割を果たしていることがわかり、利益を最大化したい大家と、できるかぎり都心部で安く住みたい労働者の利害関係がマッチした結果として、現在の過密な住環境が保たれているということがわかった。この win-win の利害関係のもと、戸数を増やすために街区をまたぎ、私的領域を拡大するような複雑な建築形態が生まれてきた。これを我々は「立体的なアーキタイプ」として、3 次元的な空間分析を行った。これらの調査結果をもとに、農村基盤高密居住地再生案として、「安価な住宅供給地としての役割（開発時の受け皿住宅の確保）」「過密な中でのコミュニティ空間の担保」「住環境改善の担い手の特定（外部居住の大家など）」というキーワードから作成した（図４）。

次に、「開発の中のアーバンポケットとして、二分化された街区」である湖浜地区の調査について、同様にヒアリングと空間調査を核とした調査を行った。本地区では、西湖に近接した立地であることから、調査期間中にも徐々に外側から商業化が進行していった。象徴的なのが、集合住宅が高級ホテルにリノベーションされたことである。一方で内部には歴史的建造物が残存し、屋台や安価な食料品など、そこに住む人々への生活サービスも内部で提供され続けている。よって、この地区ではインタビューの中でも開発圧力や観光圧力に対する調査を行った。結果としては、それほど人々は圧力を感じているということはなかったが、客観的に土地利用の実態調査を行うと、着実に変化圧力は高まってきているのである。そこで、本地区においては「コミュニティの共存「観光・商業と居住の共存」としての多様な建築タイプや生活サービスと一体化した路地空間の保全という学生提案を作成した（図５）。

これらの調査経緯から、杭州市内の三つ目の調査地区である「下町としての魅力と、住環境改善の両立」を考える紫陽街道地区においては、対象ユニット（６０号）に特に焦点を置き、ユニットとその周辺に集中してヒアリング・空間調査を行った上で、さらなる情報の整理と当事者意識のさらなる分析を行うため、シャレットとワークショップ形式で調査・分析を行うべきであろうとの考えに至った。

3. 紫陽街道地区での住民ワークショップ

紫陽街道地区のワークショップではこれまでの計画案のキーワードを踏まえつつ、実現のための制限と住環境改善のためのコミュニティを意識した方法論を組み合わせることで、より実用性のある住環境改善のための将来像を提案することを目的とした。ワークショップの詳細は後述されるのでここでは割愛する。結果として、学生の案をたたき台として、住民と地元自治体の参加による会が行われ、本音で議論されたことで、計画案のより現実に即した修正が行われた。正直なところワークショップ本体としては、住民がインタラクティブに議論するという面からはまだ不十分な点があったところは否めない。また、問題意識として、そもそも議論の遡上に上がる前に行政課題として解決すべき所有権問題があり、そちらの議論に集中してしまった部分が大きい。インタラクティブに議論するための土台としての課題整理が必要であり、住民参加としての方法論を確立する上では、議論の会を行う前に行政・住民双方の課題整理が必要となるであろう。研究の方法論としての住民参加のワークショップ形式は、より深く実態を把握するという意味では有意義であったこと、分析と実態の乖離部分への指摘が住民からあったことによって、より実情に迫る分析へと改良できたこと、などが効果として挙げられる。また、ワークショップという技術自体を浙江大学と地元住民・自治体との間で共有できたこと自体も効果と言っていいだろう。今後の中国における、都市問題の議論の技術が見いだされてくるための基礎段階として、今回のワークショップが有効であったと考えられる。

4. 今後の展望

以上の実験的ワークショップとシャレットの経験を踏まえて、個人的見解としてだが、今後の展望としては次のようなステップを考えるべきである。

まずステップ1として、住民ワークショップを行う前の条件整理である。ワークショップは参加者の様々な意見を受け取る場ではあるが、コミュニティで共有すべき課題と、個別に解決すべき法的条件とは、区別して考えるべきである。もちろん個別の課題をコミュニティ間での議論の俎上に載せることは、課題を共有する上で必要だが、今回のような歴史的経緯に基づく、制度的・法的・権利上での制限に関しては、事前に条件整理を行った上で、話し合いの場を形成することが望ましい。そのことによって、コミュニティが集まった場での建設的な議論が可能となるであろう。

ステップ2としては、継続的な場の形成である。行政側と住民の間での信頼を構築し、課題や将来像を共有するためには、継続した「場」があることが重要である。今回は実験的な場としてワークショップが行われたが、実験的要素を廃し、安心して議論できるよう、回を重ねていく必要がある。社区運営を考える上でも、問題解決型だけの議論の場ではなく、関係構築のための議論の場を設ける必要がある。

ステップ3としては、立場による役割を明確にし、日本語で近年よく使われるところの「協働」精神をはぐくんでいくことである。一方的な要求や命令に陥ることなく、住民は住民の役割と責任、行政は行政の役割と責任があることを認識した上で、「協働」として社区運営と地域改善をおこなっていくということである。そのためには、住環境を面積のような数値化された指標だけでお互い判断するのではなく、日々のニーズを充足しながら生活し続けることができる、という質の判断をするための議論を積み重ねてくことである。

今回のシャレットのような試みは、そういった質の議論を行う上でたたき台となり、新たな視点をもたらす手段として本来は有効なものである。確かに学生の案はすぐに実現するような案ではないのかもしれない。住民からも実現性については多くの疑問が出された。もちろん、前例主義で考えれば不可能なことが多いだろう。しかし、今後の社会発展の中では、この時点では不可能だと思われた案も実現していく可能性がある。普通には思いつかないようなオルタナティブなアイディアを認識することに意味があり、困難な状況の中で創造的な解決法を探っていくためには、こういった未来志向の活動が重ねられていくことが望ましいと考える。

开展居民参与渐进更新项目的意义及其迫切性

浙江大学 建筑设计研究院 副教授 黄杉

1. 研究意义

如何实现高效、直接而持久的公众参与正在成为当前城市规划学和社会管理学最重要的研究内容之一。城市规划是建设城市和管理城市的公共产品，其公平性问题贯穿立项到实施的全过程（陈清明，1999）。虽然我国城市规划编制的程序、内容、体系已较为完善，但在市场经济条件下，地方政府作为规划的决策者，往往会自觉与不自觉地侵占公共利益，城市规划有可能沦为政府服务于行政组织自身或某些特殊利益集团的工具而损害公共利益（刘伟忠，2007）；此外，城市规划在实现公共性的过程中，遭遇种种显性或隐性的障碍，使其在现实中得以实现显得异常艰难（徐善登，2010）。在世界范围内，城市规划的工具价值都面临或曾经面临"被无限放大"（张翼、吕斌，2008），而以美国、日本等国家为代表的西方城市规划性质历经空间设计到理性建构的演变后，在今天已经成为一种政治过程（徐善登，2010）。公共行政官员不仅要促进对自我利益的追求，还要不断努力与民选的代表和公民一起去发现和明确地表达一种大众的利益或共同的利益，并且要促使政府去追求那种利益（Frederickson，1991）。因此，城市规划的公众参与是建设社会主义民主政治的重要环节，是实现城市规划维护社会公众根本利益这一政治理想的重要措施。而实现实质性参与目标的关键是建立有利于社会公众参与的规划体系，以社区规划为载体，在公众利益与公众参与之间架设一道桥梁（冯雨峰，2004）

伴随经济发展和城市化进程的加快，城市规划工作中原来单一的利益主体（国家 / 政府）分化为目前的四大利益主体，即政府、规划师、开发商以及公众（吴可人、华晨，2005），上述利益主体之间的博弈冲突，正是城市的扩张性与资源的稀缺性之间矛盾的集中反映。利益主体博弈的方式非对称、不对等，博弈过程复杂而激烈，且弱势主体的利益往往受损，行政主体常常难以抉择（耿慧志、张锦荣，2007）。激烈的博弈导致城市规划实施面临重重困境：城市邻避性公共设施作为公共产品，是满足城市生产和生活某些特定需求的必要设施，但由于常常引发所在地居民的反对与抵制，设施建设遭受巨大阻力，陷入进退两难的局面（李晓晖，2009），愈来愈多的案例出现于其他公共设施建设中，如停车场、戒除药瘾医疗中心、流浪汉收容所，甚至低收入户的住宅建设，部分激进的居民通常会联合屋主团体与小区协会，共同对抗政府或开发商，使此类设施的兴建陷入无法推进的僵局（Shanoff Barry，2000）。

凡是生活中受到某些决策影响的人就应该参与到那些决策的制定过程（John Naisbitt，2000）。20世纪90年代以来出现的社会治理理论的基本特征是通过民众的政策参与实现民众对政策的自觉认同和对政策执行的自愿合作，从而为政策的制定和执行赢得价值的合法性（郭建、孙惠莲，2007），其实质是一种“契约式”民主，是权力分配的一种渠道和私益竞争的一种途径（梁鹤年，1999）。在解决诸如邻避性公共设施建设等规划问题时，应通过技术和政策的综合手段，以及建立在公众参与基础上的更加灵活、互动的规划建设模式，减少转嫁于周边居民的外部成本，改变或影响居民的反对态度（李晓晖，2009）。从西方国家的成功经验来看，为了缓解社会不同利益集团对立造成的整个社会环境与空间结构严重对抗和冲突，其每一项规划决策都采取公开听取、吸收、综合和调解不同集团分歧的方法（张庭伟，1999）。反观我国，城市规划长期以来拘囿于技术理性的思维传统（郑卫，2011），公众参与的重要性往往被忽略，抑或是公众参与的能力不足（包括公众的参与意愿较低，专业知识的不足和公共意识的缺乏等）带来的公众参与较低的实效（郝娟，2008；莫文竞、夏南凯，2012），执政者或是所谓的专家以说教式的决策方式强暴公众的自主权力，导致公众无法以理性程序表达意见，最后就会跳出程序之外，以抗争这种政治运作方式来进行他们的诉求（李永展、何纪芳，1995）。当前规划编制和实施过程中的公众意愿体现不足，没有真正从利益主体角度进行研究，仅将城市规划界定为一个单纯的“工程技术”问题，忽视了合作与决策的社会选择问题。

实践中其他公共决策领域中一系列以听证会、代表会为标志的公众参与制度激发了人们参与的热情，公众政策征询、环境评估、价格听证、立法听证等不断进入公共视野中，这使得民意吸纳机制、公众参与机制不断地从理论层面、制度层面付诸到实践层面中，一定程度上促进了人们参与城市规划的活动开展。然而以合作与决策为目标的实质性公众参与城市规划在实践层面仍十分缺乏。例如国内北京、上海、广州、杭州等大城市均推出“阳光规划”，作为规划宣传和展示的窗口，并在此基础上形成了具备公众咨询功能的规划方案意见征求参与活动。但总的来说，国内的公众参与城市规划还处于刚刚起步阶段（唐文跃，2002；李东泉等，2005；郭红莲等，2007），因此，很多尝试都是在摸索中前进。

当前，低效和无效的公众参与导致我国城市规划公众参与作为协调多元利益的作用并未彰显，其结果是不断涌现的“钉子户”事件和城市群体性事件。这些事件既有以比较温和的方式进行，如厦门 PX 事件中的“散步”方式（赵民、刘婧，2010），也有引发城市骚乱的事件，如四川省什邡钼铜事件、江苏启东的南通大型达标水排海工程事件。多元利益缺乏协调引发的事件对城市的发展和规划已经造成了较为严重的影响。针对当前城市规划公众参与的问题，相关研究基本上将目前的问题归结于现有公众参与制度的诸多不足。制度的不完善导致了社会个体或者群体缺乏参与的渠道，而已有的参与，从计划经济体制演变过来的城市政府单边的、一言堂式的决策也阻碍参与的效果。上述问题的实质是城市规划面对公众实质性参与规划决策需求的技术与方法欠缺，无法就规划中的重大议题形成规划合意的结果。

因此，为了更为完整和深入地揭示当前城市规划决策和实施过程中，公众参与趋于失效的原因和机理，探索实质性公众参与技术方法，使之成为城市规划制定与实施过程中的桥梁和载体。

2. 公众参与的缘起及其在中国的开展

公众参与起源于美国、加拿大，最初是为了稳定民心，保持社会安定，而后上升到城市规划制定、管理民主化的高度。早在 1947 年，英国“城乡规划法”所创立的规划体制就已经允许社会公众发表他们的意见，公众还可以对他们不满意的规划进行上诉。英国政府部门的规划咨询小组（PAG）于 1965 年首次提出公众应该参与规划的思想。1968 年修订的“城乡规划法”对公众参与城市规划作了规定。1968 年 3 月的“斯凯夫顿报告”（the Skeffing ton Report）提出：公众可以采用“社区论坛”的形式建立与地方规划机构之间的联系；政府可以任命“社区发展官员”以联络那些不倾向于公众参与的利益群体。“斯凯夫顿报告”被认为是公众参与规划理论发展的里程碑。早期公众参与规划的含义比较模糊，一方面强调公众应当决定公共政策，另一方面又提出规划师应该自己决断。因此，早期的公众参与规划实质上更多的是征询公众意见，还不能说是公众主动地参与决策（杨贵庆，2002）。

20 世纪 60 年代美国民主、民权运动兴起，以及美国推动“城市更新”背景下，达维多夫提出了“倡导性规划”（Advocacy Planning）（Paul Davidoff，1965），认为传统的理性规划对平等和公正的严重忽视，公众利益的日益分化使任何人都不能宣称代表了整个社会的需求，因此倡导性规划鼓励各种团体包括个人在规划过程中的积极参与，每个规划师都应为不同社会群体的利益代言和辩护，并编制相应的规划，然后让法庭的法官（即地方规划委员会最后来作出裁定）。辩护性规划理论对公众参与城市规划的理论和方法进行了大胆的设想与实践，在政府、规划师和公众之间建立了桥梁，推进了美国社会公众参与规划的进程。阿恩斯坦（Sherry Arnstein）1969年发表的《市民参与阶梯》（A ladder of Citizen Participation）从实践角度提出了公众参与城市规划程度的"市民参与阶梯"理论，为衡量规划过程中公众参与成功与否提供了基准。阶梯理论认为，只有当所有的社会利益团体之间——包括地方政府、私人公司、邻里和社区非营利组织之间建立起一种规划和决策的联合机制，市民的意见才能起到真正的作用。

20世纪70年代，哈维根据研究提出"不存在绝对的公正"，或者说，公正概念因时间、场所和个人而异，它是研究美国公众参与规划的另一个重要视角（David Harvey，1996）。1977年著名的《马丘比丘宪章》中对公众参与城市规划的肯定提到了前所未有的高度："城市规划必须建立在各专业设计人员、公众和政府领导者之间系统的、不断地互相协作配合的基础之上。"（陈锦富，2000）20世纪80年代萨格尔（Sager）和英尼斯（Innes）提出"联络性规划理论"（Communicative Planning Theory），指出规划师在决策的过程中应发挥更为独到的作用，以改变那种传统的被动提供技术咨询和决策信息的角色，运用联络互动的方法以达到参与决策的目的（张庭伟，1999）。"综合性规划理论"（Comprehensive City Planning，1985）和"联络性和互动式实践"范式的理论认为，规划师的主要工作是和上下各方进行交流、联络，这个过程是参与决策的过程，而不是"退居二线"，依靠提出报告和图纸去影响决策，标志了规划师的角色"从向权力讲授真理到参与决策权力"的转变。美国著名的政治学家塞缪尔·亨廷顿认为"制度化是组织和程序获取价值观和稳定性的一种进程"（Samuel Huntington，1989）也就是说，能否实现公众对城市规划的有效参与，制度是关键，如果没有可操作性的程序支持，所谓的"参与"也只能浮于表层，流于形式（郭建、孙惠莲，2007）。史密斯（Smyth）针对阿恩斯坦（Sherry Arnstein）的传统的公众参与八个阶梯，于2001年提出了包括在线讨论、网络调查、在线决策支持系统的电子参与阶梯（袁韶华等，2010）。

国外近20年公众参与规划的理论及思想基础的发展变化表明，要真正全面认识当代西方城市规划的发展，公众参与是其中不可缺省的重要方面（孙施文、殷悦，2009）。为应对从单一"经济增长"到促进生活质量和全面"社会发展"的时代进步与发展要求的变革，西方城市规划已逐步从"为公众规划"转变到"与公众一起规划"（陈晓键，2013）。

与国外成熟的公众参与体系相比，我国的公众参与在组织的形式上、参与的深度上、参与的程序上都是初级的（戴月，2000），主要表现在公众参与程度低，参与的范围和比例小，参与存在地区差异，以自发参与为主，组织程度很低，公众参与缺乏制度途径；参与手段主要有城市规划委员会制度、规划公示制度、向规划行政主管部门投诉及信访等。其主要原因在于公众参与规划意识和技能薄弱，政府宣传力度不够，办法太少，参与的机制不健全，缺乏监督机制和法律保障，也与我国“大政府、小社会”的管理模式有关，规划信息的非公开和非透明也滋生和助长了腐败。

按阿恩斯坦（Sherry Amstein）将公众参与分成的三种类型和八个层次来看，我国现阶段的公众参与处于初级阶段，属于象征性参与，即公众尚处于被动的告知与接受地位，还未进入合作性参与、代表性参与、决策性参与的实质性参与阶段。之所以如此，一方面是由于我国的城市规划尚未社会化；另一方面，在我国，城市政府为追求政绩，自觉不自觉地受到开发商的影响，城市规划部门和规划师面对的是“棋子”会自己走动的“一盘棋”，规划像一块橡皮泥，经常处于可以被任意揉捏的状态。规划管理监督的欠缺，长官意志、行政判断在很大程度上左右着我国的城市规划。

近几年来，我国一些沿海经济较发达的地区已经开始了公众参与城市规划的实践探索。如上海在城市规划展览馆专门辟出空间展示规划方案，将市民的意见作为规划修改和完善的重要依据；青岛市制定了《规划局公众参与城市管理试行办法》，规定了市民参与城市规划管理的范围、方式、权利，规定了规划建筑设计方案的公示期限及方式，聘请市民为城市规划监督员等；众多城市启动“阳光规划”工程，力图使城市规划与国际接轨，如重大、重要规划采取国际公开招标，鼓励公众积极献计献策，引入听证会制度，建立社会监督机制，实现规划的批前、批中、批后公示等一系列举措。

此外，我国台湾地区于20世纪90年代构建了社区规划师（Community Planner）制度，充分利用社区规划师的专业能力和素养，直接地提升公众的参与能力，同时也促进社区的营造，改造公共空间及其景观环境（许志坚、宋宝麒，2003）。社区规划师制度有效解决了官僚体系与公众（社区）沟通的障碍及其公众意见沟通整合的困难，同时也能够维护弱势群体的利益，有效地改善了公众参与的效果。

3. 公众参与城市规划的主要问题

1）缺乏应有的法律保障

我国现有的城市规划法规没有明确公众参与的主体、具体权利以及相关的法律程序，只注重于对规划建设部门的行政行为的授权，而对规划行政控制的立法相当少。孙施文（2002）认为我国城市规划公众参与的主要症结在于：规划者的认识还停留在“我制定，你执行”的阶段；缺乏普及和宣传，市民对自身的权益缺乏认识，影响了参与规划的热情，公众参与缺乏真正的决策权和相应的制度及法律保障。我国在城市规划公众参与方面的立法相对滞后：公众参与城市规划的法律地位没有得到确立，公众的知情权、参与权得不到体现，缺少公众参与的内容规定（生青杰，2006）。

2）参与的内容、方式与途径不明确

从我国现阶段的公众参与现状来看，普遍都流于形式，公众基本上是事后参与，被动接受（胡云，2005）。公众参与受市民自身环境、利益、性别、年龄、职业等条件限制；公众参与取得初步成效，但缺乏连续性和互动性，公众参与的热情主要集中在形体规划上（阂忠荣等，2002）。听证是规划公众参与的重要方式，属于一次性决策，涉及的仅仅是单一或少数利益主体（生青杰，2006）。

3）公众参与的意识淡薄

我国公众参与城市规划的根本问题是公众教育问题，建议公众参与的初期阶段，规划重点应放在规划知识的普及和传播上（陈志诚等，2003）。由于长期以来的惯性作用，在公众心中，城市规划是国家、政府的事，规划主管部门或其他部门都很少向社会公布有关规划信息，规划好像是一件很“秘密”的事，公众已经习惯游离于之外了。加之，相关部门出于各种原因而忽略对公众参与意识的培养和媒体宣传力度不够等原因，导致了我国公众参与城市规划的意识和热情都极端缺乏（胡云，2005）。要促使参与城市规划的公众由消极参与向积极参与转变，城市政府应该在信息公开，增加参与路径，培育公众自治组织等措施之外，承担起完善公众参与制度，回应公众利益诉求，善待积极参与者的职责（徐善登、李庆钧，2009）。

4）相关研究较多，但涉及参与形式与方法的研究仍缺乏

近年来，众多学者从不同角度对公众参与在我国城市规划的实践展开研究，如公众参与的参与

范围（孙施文，2002；侯丽，1999；）、公众参与的组织机制（陈兆玉，1998；张萍，2000；赵伟等，2003；闵忠荣，2002）、公众参与的体制改革（赵伟等，2003）等等。然而这些多是对我国城市规划制度、体制方面的探讨，关于我国城市规划公众参与的具体形式、操作方法的研究则较为缺乏。

4. 趋势和展望

国内外的研究表明，尽管中国公众参与的理论框架和制度框架还不完整，但在城乡规划决策过程中加强公众参与的趋势已经初现端倪（阂忠荣等，2002），而且表现出不同于西方的特征，这也进一步引发了许多具有研究价值的问题。笔者希望本次工作坊项目通过设计模拟工作坊这一新的利益主体“博弈平台”，来更好地推动中国城乡规划微观利益主体决策的合意达成，为城市渐进更新项目找到一条适合当前国情的新路。

参考文献：

[1] 陈清明，陈启宁，徐建刚．城市规划中的社会公平性问题浅析 [J]．人文地理，1999，15（1）：39-42.
[2] 刘伟忠．论公共政策之公共利益实现的困境 [J]．中国行政管理，2007（8）：27-28.
[3] 徐善登．城市规划公共性实现的困境 [J]．城市问题，2010（4）：18-21.
[4] 张翼，吕斌．和谐社会与城市规划公共性的回归 [J]．城市问题，2008（4）：6-7.
[5] H. George. Frederickson. Toward a Theory of the Public for Public Administration[J]. Administration and Society，1991（4）：415-416.
[6] 冯雨峰．城市规划公众参与的现实与理想 [C]// 中国城市规划学会秘书处主编．城市规划决策民主化研讨会论文集 . 中国泉州，2004：46-53.
[7] 吴可人，华晨．城市规划中四类利益主体剖析 [J]．城市规划，2005，29（11）：80-85.
[8] 耿慧志，张锦荣．面对纠纷的城市规划管理对策探析——基于一起城市规划管理纠纷案例的思考 [J]．城市规划，2007，31（1）：68-73.
[9] 李晓晖．城市邻避性公共设施建设的困境与对策探讨 [J]．规划师，2009，25（12）：80-83.

[10] Shanoff Barry. Not In My Backyard: The Sequel[J]. Waste Age, 2000 (8): 25-31.
[11] John Naisbitt. Megatrends 2000: Ten New Directions for the 1990s [M]. William & Morrow Company, Inc., 1990.
[12] 郭建，孙惠莲. 公众参与城市规划的伦理意蕴 [J]. 城市规划，2007，31 (7): 56-61.
[13] 梁鹤年. 公众（市民）参与: 北美的经验与教训 [J]. 城市规划，1999 (5): 49-53.
[14] 张庭伟. 市场经济下城市基础设施的建设——芝加哥的经验 [J]. 城市规划，1999，23 (4): 57.
[15] 郑卫. 邻避设施规划之困境——上海磁悬浮事件的个案分析 [J]. 城市规划，2011，35 (2): 74-86.
[16] 李永展，何纪芳. 都市服务设施“邻避”效果与选址规划原则 [J]. 环境教育，1995 (24): 2-10.
[17] 唐文跃. 城市规划的社会化与公众参与 [J]. 城市规划，2002，26 (9): 25-27.
[18] 李东泉，韩光辉. 我国城市规划公众参与缺失的历史原因 [J]. 规划师，2005，21 (11): 12-15.
[19] 郭红莲，王玉华，侯云先. 城市规划公众参与系统结构及运行机制 [J]. 城市问题，2007 (10): 71-75.

Significance and Urgency of Carrying out Residents' Participation in Gradual Renewal of Residential Area

The Architectural Design & Research Institute of Zhejiang University Associate Prof. Shan Huang

1. Research Significance

The issue of "how to implement effective, direct and lasting public participation" is becoming one of the most important research contents of the current city planning study and the social management study. City planning means building city and managing the public products in city, and its equity issues are throughout the project approval to the whole implementation process (Chen Qingming, 1999). Although, our country's compiled procedure, content, and system of city planning are comparatively perfect, under the market economy condition, as the planning policy maker, the local government often consciously and unconsciously embezzles public advantages, and city planning may become the tool which is used by the government to serve administrative organization or some special interest groups, and to further damage the public advantages (Liu Weizhong, 2007); in addition, in the process of realizing publicity, the city planning encounters a variety of dominant or recessive obstacles, which makes its realization in reality appear very difficult (XuShandeng, 2010). Around the world, the instrumental value of city planning is facing or faced the problem of "being infinitely amplified" (Zhang Yi, Lv Bin, 2008). However, after experiencing the evolution from space design to rational construction, the western city planning property represented by America, Japan and other countries has become a political process in today (Xu Shandeng, 2010). Public administration officials shall not only need to promote the pursuit to self-interest, but also need to make constantly effort to discover and definitely express a kind of public interest or mutual interest with the elected representatives and citizens, moreover, they also need to promote the government to pursue that kind of interest (Frederickson, 1991). Therefore, the public participation of city planning is an important link to build socialist democracy, and an important measurement to realize the political ideal of the city planning maintaining social public fundamental interests. However, the key to realize substantive participation goal is to establish the planning system which is beneficial for the social public participation. Taking community planning as carrier， to build a bridge between public interest and public participation（Feng Yufeng，2004）.

With the economic development and the quickening of urbanization process， the original single interest subject （country/government） of the city planning working is divided into the current four interest subjects， namely， government， planner， developer and the public （Wu Keren， Hua Chen，2005）. The game conflict among the above interest subjects is exactly the centralized reflection of the contradiction between city's expansivity and resource's scarcity. The game approaches of the interest subject are asymmetric and non-equivalence. The game process is complicated and intense， moreover， the benefit of weak subjects is tend to be damaged， while administrative subject is often difficult to be elected （GengHuizhi， Zhang Jinrong，2007）. The fierce game leads to the implementation of the city planning facing difficulties： as public product， city NIMBY public facilities are the essential facilities to meet city's production and some life specific demands， however， because it always triggers the opposing and boycott of local residents， the facilities construction faces huge resistance， and it is caught in a dilemma （Li Xiaohui， 2009）. More and more cases have occurred in other public facilities construction， such as parking lot， getting rid of drug addiction medical center， homeless shelter， even the housing construction of low income household. Usually， parts of the radical residents will unite with house owner groups and community associations to jointly withstand the government or developers， and it makes these facilities' constructions are caught in the deadlock which is unable to be boosted （Shanoff Barry，2000）.

The people who influenced by some decisions in life shall participate in the formulation process of those decisions （John Naisbitt，2000）. Since the 1990s， the basic features of social governance theory have been realizing the public's conscious identity to the policy and their voluntary cooperation to policy implementation through public policy participation， thus to win the value legitimacy for the formulation and implementation of policy （GuoJian，Sun Huilian，2007）. Its essence is a kind of "contractual" democracy， and it is a channel of distribution of power and an approach of private interest competition （Liang Henian，1999）. When solving the planning problems of NIMBY public facilities building and others， it shall reduce the external cost passing on to the surrounding residents， change or influence residents' opposition attitude through comprehensive measures of technology and policy， and the more flexible and interactive planning and construction mode based on public participation (Li Xiaohui, 2009). From the perspective of the western country's successful experiences, in order to ease the serious confrontation and conflict between the whole social environment and the space structure caused by the opposition of different social interest groups, its every planning decision adopt the method of public listening, absorbing, composing and mediating different groups' differences (Zhang Tingwei, 1999). Reflecting on our country, city planning has confined to thinking traditions of technical rationality for a long time (Zheng Wei, 2011), and the importance of the public participation tends to be ignored, or the relatively low actual effect of the public participation brought by the scarce capacity of public participation (including the relatively low participation willingness of the public, insufficient professional knowledge and the lack of public awareness, etc.) (Hao Juan, 2008; Mo Wenjing, Xia Nankai, 2012). Power executors or the so-called professors do violence to the public independent powers through the moralistic decision-making mode, which leads to the public can not give opinions with rational procedure, and in the end, they will jump out of the procedure and appeal through the political operation mode of resisting (Li Yongzhan, He Jifang, 1995). Currently, the public's will in planning formulation and implementation process is insufficient, and it does not really research from the perspective of interest subject. It only defines city planning as a simple "engineering technology" issue, but it ignores the social choice of cooperation and decision-making.

A series of public participation system marked by hearing and representative meeting in practice or in other public decision-making field motivates people's enthusiasm of participation. Public policy consultation, environmental assessment, price hearing, legislative hearing and others are continuously appear in public, which makes absorption mechanism of the public opinion and public participation mechanism continually come to the practical level from the theoretical level and system level, and in a certain extent, it facilitates people's participation in city planning activities. However, the substantial public city planning participation taking cooperation and decision-making as goal is still lacking in the practical level. For example, domestic metropolises, such as Beijing, Shanghai, Guangzhou, Hangzhou, have launched the "sunshine planning" as the window of planning publicity and display, and on this basis, it forms planning scheme consultation participating activity which possesses public consultation function. But in general, domestic public city planning participation is still in the beginning stage (Tang Wenyue, 2002;Li Dongquanet al,

2005;Guo Honglianet al，2007），therefore，many attempts are going forward in grope.

At present，inefficient and ineffective public participation leads to the Chinese public city planning participation's effect of coordinating the multiple interests become invisible，and its results are the constant emerging "nail house" even and urban mass incidents. Some events are proceed in the relative gentle way，such as the way of "taking a walk" in the Xiamen PX event（Zhao Min，Liu Jing，2010），and some events trigger urban riots，such as Sichuan Shifang molybdenum copper event，Nantong large standard water discharging to sea engineering event of Qidong，Jiangsu. The events caused by diverse interests lacking of coordination generate a a serious influence to the development and planning of the city. Aiming at the current public city planning participation issue，the correlation research mainly attributes the current issue to some shortcomings of the existing system of public participation. The imperfection of the system leads to the social individual or groups lack of the participation channels，while for the existing participation，the city government's one-sided and centralized decisions evolved from planned economic system also hinder its participation effect. The essence of the above issues is that it lacks of technology and method of city planning facing public substantial participation in planning decision-making requirements，and aiming at the big issue in planning，it can not form the desirable result of planning.

Therefore，for more completely and deeply revealing the cause and mechanism of the public participation tending to lose efficacy in current city planning decision and implementation process，it shall explore the substantial public participation technology method to make it become the bridge and the carrier in the process of formulating and implementing city planning.

2. The origin of public participation and its development in China

Public participation originates from America and Canada. The original purpose was for stabilizing popular feelings and maintaining social stability，and later，the purpose became city planning formulation and democratization of management. As early as 1947，the planning system founded by the United Kingdom's "Urban and Rural Planning Law" already allowed the social public to express their opinions，and the public could also appeal for their dissatisfied planning decision. In 1965, the planning advisory group of UK government department (PAG) put forward the idea of "the public shall participate in planning" for the first time. In 1968, the revised "Urban and Rural Planning Law" stipulated the public city planningparticipation. The "Skeffington Report" in March 1968 proposed that the public can adopt the form of "community forum" to establish the relation with the local planning agencies; the government can appoint "community development officials" to contact with those interest groups who do not tend to the public participation. Skeffington Report is considered as the milestone of public participation planning theory development. The meaning of the early public participation planning was comparatively fuzzy. On one side, it emphasized that the public shall determine the public policy, and on the other side, it put forward that the planner shall decide by himself. Therefore, substantially, the early public participation planning was tend to "consult" public opinion, instead of the public actively participating in decision-making (Yang Guiqing, 2002).

In 1960s, American democracy and civil rights movement sprung up. Under the background of America promoting "urban renewal", Paul Davidoff put forward "Advocacy Planning" (Paul Davidoff, 1965). It considered that the serious neglect of traditional rational planning to equality and justice and the increasing differentiation of public interest make no one can claim that he represents the demand of the whole society, therefore, advocacy planning encouraged all kinds of groups and individuals' positive participation in planning process, and every planner shall represent and defend the interest of different social groups, compile the corresponding program, and ask the court judge (namely, the local planning commission) to make a final judge. Defensive planning theory boldly imagined and practiced the theory and methods of public city planningparticipation, and it built a bridge among government, planner, and the public, promoted the progress of American society's public participation planning. In 1969, "A Ladder of Citizen Participation" published by Arnstein (Sherry Arnstein, 1969) put forward "A Ladder of Citizen Participation" theory of public city planningparticipation degree from the perspective of practice, and it also provided standard for the success of public participation in the measuring planning process. Ladder theory considered that only an associative mechanism of planning and decision-making established between social interest groups—including local government, private company, neighborhood and community non-profit organization, can the citizens' opinions play their real role.

In 1970s, Harvey put forward the theory of "there is no absolute justice" according to research, or, the concept of justice varies with time, place and people. It is another important perspective of researching American public participation planning (David Harve, 1992). In 1977, the famous *Charter of Machu Picchu*raised the affirmation to public city planningparticipation to the unprecedented height: "city planning must be established on the basis of the systematically and constantly mutual collaboration among the professional design personnel, the public and the government leaders" (Chen Jinfu, 2000). In 1980, Sager and Innes put forward "Communicative Planning Theory", which indicates that the planner shall play the more unique role in the decision-making process, to change the traditional role of passively providing technical advice and decision-making information, and applying the connection interactive method to reach the goal of participating in decision-making (Zhang Tingwei, 1999). "Comprehensive planning theory" (Comprehensive City Planning, 1985) and the paradigm theory of "connectedness and interactive practice" considered that the main duty of planner is communicate with and contact with all parties, and this process is the process of participating in decision-making, instead of "resign from a leading post". Influencing decision by depending on report and drawings marked the role of planners' change "from teaching truth to right to participating in the determining rights". American famous political scientist, Samuel P. Huntington, considered that "institutionalization is a process of organization and procedures obtaining values and stability" (Samuel P. Huntington, 1989). In other words, the institution is the key for successfully achieving the public's effective participation to city planning, and if there is no operational program support, the so-called "participation" can only float on the surface and become a mere formality (GuoJian, Sun Huilian, 2007). In 2001, aiming at the traditional 8 ladders of public participation of Arnstein, Smyth put forward the electronic participation ladder, including online discussion, network survey, online decision support system (Yuan Shaohua et al, 2010).

In recent twenty years, the development and change of the theoretical and ideological basis of foreign public participation planing has expressed that if it wants to really and comprehensively know the modern western city planning development, public participation is the indispensable important aspect (Sun Shiwen, Yin Yue, 2009). In response to the era progress of from single "economic increase" to promote life quality and overall "social development" and the change of development requirements, western city planning has gradually transformed from "planning for the public" to "planning with the public" (Chen Xiaojian, 2013).

Comparing with foreign mature public participation system, Chinese public participation is primary in the organization form, participation depth, and participation program (Dai Yue, 2000). It is mainly reflected in the low degree of public participation, small scope and scale of participation, the regional difference of participation, taking spontaneous participation as principal, very low organization degree, public participation lacking of institutional approach; the participation means mainly are through city planning committee system, planning publicity system, complaining to planning administrative competent department, delivering petition letter, etc.. Its main reasons are public participation's weak planning consciousness and skills, insufficient government propaganda work, few methods, imperfect participation mechanism, lacking of supervision mechanism and legal protection, which is also related to our country's management mode of "big government, small society", and the non-public and non-transparent of planning information also breeds and encourages corruption.

According to the three types and eight levels of the public participation divided by America Sherry Amstein, our country's current public participation is at primary stage, and it belongs to symbolic participation, namely, the public is still in the passive told and accept position, instead of entering into the substantive participation stage of collaborative participation, representative participation, and decision-making participation. The reasons are that, on the one side, our country's city planning has not yet been socialized;on the other hand, in our country, in the pursuit of achievements, city government is consciously or unconsciously influenced by developer, and what the city planning department and planner facing is a "chess pieces" which can proceed by itself. Planning is like a silly putty, which is always in a state of being arbitrarily kneaded. The shortcoming of planning and management supervision, will of leading officials, and administrative judgment largely influence our country's city planning.

In recent years, some of the coastal economic developed area in China has started the practical exploration of public city planningparticipation. For example, in city planning exhibition hall, Shanghai specifically leave a place for exhibiting planning scheme, taking citizens' opinion as the important basis for planning modifying and perfecting; Qingdao formulated *Planning Bureau Public Participation City Management Tentative Measures*, and it stipulated the scope, way, and right of citizens participation in city planning management, stipulated the public notice period and way of planning and architectural design scheme, hired citizens as city planning supervisor, etc.; a lot of cities have started "sunshine planning" project, which tries to integrate city planning with international standards, such as a series measures of international competitive bidding for big and important planning, encouraging the public to actively contribute ideas, introducing the hearing system, establishing social supervision mechanism, realizing the publicity of before approving, approving, and after approving of the planning.

In addition, Taiwan established community planner system in 1990s. It directly improves the public's participation ability through taking full advantage of the professional ability and quality of community planner, meanwhile, it also improves community's construction and transformation of its public space and its landscape environment (XuZhijian, Song Baoqi, 2003). Community planner system effectively solves the communication obstacle between bureaucratic system and the public (community) and the difficulty of its public opinion communication integration. Meanwhile, it can also maintain the benefit of vulnerable groups, and effective improve the effect of public participation.

3. The main problems of public city planning participation

1) Lacking of the proper legal protection

Our country's existing city planning laws and regulations do not clear and definite the subject, specific right and relevant legal procedures of public participation. It only focuses on the authorization of administrative behavior of planning and construction department, but there is relatively few legislation to the planning administrative control. Sun Shiwen (2002) considered that the main crucial reasons of our country's city planning public participation are that planner's understanding is still in the stage of "I formulate, you perform"; lacking of popularity and publicity, citizens lack of understanding to their own rights and interests, which influences the enthusiasm of participation in planning. Public participation lacks of real decision-making power and the corresponding system and legal protection. Our country's legislation in the aspect of the public participation of city planning is comparatively lagging behind: the juridical status of public city planning participation has not been established; the right for knowledge and the participation rights of the public can not be embodied; lacking of the content rules of public participation (Sheng Qingjie, 2006).

2) Undefined participation contents, ways and approaches

From the perspective of the current situation of the present stage's public participation, it generally becomes a mere formality, and basically, the public participates after the event, and passively accepts (Hu Yun, 2005). The public participation is restricted by citizens' own environment, interest, gender, age and occupation, etc.; the public participation achieves preliminary success, but it lacks of continuity and interactivity, and the enthusiasm of the public participation mainly concentrates on physical planning (He Zhongrong et al, 2002). Hearing is the important way of planning public participation, which belongs to the one-time decision, and only involves in single or minority interest subject (Sheng Qingjie, 2006).

3) Indifferent consciousness of public participation

The fundamental problem of our country's public city planning participation is the public education, and it suggests that the initial phase and planning emphases of the public participation shall be centralized on the popularity and spread of planning knowledge (Chen Zhicheng et al, 2003). Because of the long-term inertia effect, in the public's mind, city planning is the business of nation and government. Planning competent department or other departments rarely publish the planning information to the society, and planning seems like a very "secret" thing, while the public is used to keep out of the affair. Moreover, because of the relevant department ignoring the cultivation to public participation consciousness for a variety of reasons, or insufficient media publicity and other reasons, it leads to the extreme shortage of our country's consciousness and enthusiasm to public city planning participation (Hu Yun, 2005). If it wants to promote the negative participation of the public participated in city planning transforming to the positive participation, in addition to the measures of information disclosure, increase participation path, cultivating the public's autonomous organization, the government shall undertake the responsibilities of completing public participation system, responding the public's interest demands, and treating well the active participant, etc. (XuShandeng, Li Qingjun, 2009).

4) There is a lot of correlation research, but it still lacks of the researches involving into participation forms and methods

In recent years, many scholars have researched the public participation in our country's city planning practice from different angles, such as the participation scopes of the public participation (Sun Shiwen, 2002; Hou Li, 1999;), the organization mechanism of the public participation (Chen Zhaoyu, 1998; Zhang Ping, 2000; Zhang Wei et al, 2003; Min Zhongrong, 2002), the institutional reform of the public participation (Zhao Wei et al, 2003) etc.. However, most of these are related to the discussion to our country's city planning system and institution, and it lacks of the researches related to the concrete form, and operational approach of our country's city planning public participation.

4. Trends and Prospects

The international and domestic researches show that although the theoretical framework and institutional framework of Chinese public participation are still incomplete, the trend of strengthening the public participation in the urban and rural planning decision-making process begins to appear (He Zhongrong et al., 2002), however, it shows different characteristics from western, which also further provokes a lot of questions which possess research value. The author hopes that the workshop project can better promote the concluding of the agreement of Chinese urban and rural planning microcosmic interest subject decision-making through the new interest subject "game platform" of designing and simulating the workshop, and find a suitable new path for the current state for the city progressive renewal projects.

公众参与引导历史住区渐进更新工作坊的教学思考

浙江大学城市学院 环境设计系 主任 张佳

1. 背景和意义

1）增量规划、存量规划和城市住区渐进更新

存量规划的提出（赵燕菁，2010）、热议以及探索实践，预示了中国城市发展中一贯的单极增长主义临近拐点，大拆大建的城市建设模式很快将面临转型。传统主流的增量规划是基于新增建设用地的扩张型规划（邹兵，2013），以未来空间的效率运作和视觉美化为目标；而存量规划则与之相反，是针对建成区的更新型规划，以既有空间矛盾的调解为目标。对象和目标的截然不同使得存量规划难以沿用增量规划的工作体系，需要在重新认知的基础上开拓新的工作方法。

更进一步来看，存量规划的内在逻辑是"土地使用权"、"交易成本"、"协作规则"三者间的映射关系。法律对土地使用权的保障使得土地使用权所有人具备了绝对物权，政府不能以国家对土地的所有权来对抗公民的土地使用权（徐国良、梅小丽，2010）。在绝对物权的前提下，城市更新将会以交易将已分配空间资源从低效率所有人转移到高效率所有人（赵燕菁，2014），而交易依据是构成项目的综合成本。在自由交易的原则下，存量规划的成果体现为保证交易完成的规则系统。因此，存量规划可以理解为组织利益相关者参与协作并最终达成各利益相关方共识的整体过程。

虽然存量规划显著拓展了城市规划的社会性，但是城市规划始终围绕空间展开，只是对空间社会性的关注度将逐渐上升甚至超越物质性，这种变化在城市住区更新过程中表现得尤为明显。上一轮城市住区更新伴随着旧城改造展开，作为一种变相的增量规划，大规模重建带来了一系列广为诟病的城市问题，包括传统风貌消失殆尽、社会阶层空间分异等。在社会新常态下，之前简单粗放的规划建设模式难以为继，而反向的小规模渐进更新应运而生。"渐进"表现出两方面特征：周期长，更新活动在较长的时间周期或一直持续发生，更新速度相对缓慢；阶段多，更新过程被分解成多个非连续阶段，

根据阶段动态实时评估结果并制定相应的更新策略和措施，这与传统规划中的分期实施有着本质的区别。渐进更新强调通过利益相关者的互相认同和协作参与逐步化解空间矛盾，作为存量规划的核心策略，尤其适用于涉及多个利益主体的城市住区更新。

2）公众参与方法的教学意义

通过增量规划实施的城市住区更新基本由政府主导，其固定模式是：政府负责拆迁和后续监督，空间使用权所有人与政府进行经济补偿商议、开发商进行开发建设及空间二次分配（或由政府分配），规划师在给定明确任务的前提下负责空间重构规划。公权力的权威大大缩减了成本和时间，也带来了“一刀切”的负面效应。

而在趋势化的渐进更新中，空间使用权所有人成为整个过程中的主导者，政府、规划师和承建商只是参与者。对于规划师而言，首先要做的不是解读规划任务，而是明确规划任务，这意味着规划中社会介入的真正开启。可以预见，如何协调基数大且诉求多的空间使用权所有人达成共性目标和行动计划，同时获得其他利益相关方的支持，将是推动空间更新首要且最关键的内容。因此，规划师需要先组织公众参与，协调利益相关者达成共识诉求，之后才能展开空间规划。

现实中，国内城市规划长期等同于空间规划，即使近年来因邻避问题引发的公众极端事件屡见不鲜，但是受法律法规、行政体制、大众认知等因素的限制，城市规划实践领域的公众参与普遍被认为是形式大于内容，并不会对规划结果产生真正的决定性影响。同样反映在城市规划教学层面，物质空间形态教学始终占据压制地位，公众参与教学基本被忽视。

存量规划发展的预期和渐进更新实践的探索，为推动公众参与方法教学提供了动力和经验。从对象来看，公众参与方法教学将人和事件引入了空间规划过程，完善了学生对规划体系的理解。从方法来看，公众参与方法教学突出以识别和解决隐藏于空间背后的社会问题为导向，将社会学方法引入规划教学中，拓展了学生对规划技术的掌握。

2. 公众参与引导住区渐进更新的教学设计

1）场地选择

本次以公众参与为教学核心的工作坊，其研究场地最终选定为杭州南宋皇城遗址保护区内的一个历史住宅院落，主要考虑到三方面因素：

（1）历史保护地段的限制性。场地位于南宋皇城遗址保护区范围内，任何建设活动都受到严格的限制，区域内所有住宅只能保持原状进行更新，不允许重建。

（2）物质空间改善的必要性。政府之前已经完成了场地建筑外立面改造，但是内部改造因为各种原因没有开展，导致场地内部整体环境堪忧，住户对物质空间改善需求一致。

（3）公众诉求矛盾的典型性。场地周边其他组团内部环境改造均已经完成，场地未能展开改造的主要原因是住户对于改造的诉求不一致，而政府对于之前其他组团的改造都是在取得居民一致同意的前提下展开。复杂的公众诉求需要用专业的公众参与方法和程序来协调。

2）教学目标

工作坊的目的是让学生全程体验公众参与引导历史住区渐进更新的真实情境，进而理解公众参与的标准程序、共性难点以及渐进更新的准确含义。具体教学目标主要有三项：

（1）对利益相关者的全面认知。多主体参与是渐进更新成立的必要条件，多主体的涵盖范围为利益相关者（Stakeholder）。渐进更新是利益相关者协作参与更新的结果，不同阶段利益相关者的组成、诉求和作用不尽相同。因此，全面认知利益相关者是渐进更新每一阶段首先要解决的问题。全面认知的教学包括两方面要求：完整识别利益相关者的构成，准确定位利益相关者的职责。

（2）对公众参与的过程组织。公众参与是渐进更新各阶段规划的关键内容，主要来协调利益相关者的利益诉求，并最终取得一致认可的规划目标、空间形态和行动计划。公众参与需要通过整合跨界知识予以实施，一方面运用空间语言向利益相关者表述空间问题，另一方面运用社会学方法组织利益相关者有效参与。公共参与是空间与社会衔接的过程，教学重点在于其组织的形式、程序和协调机制。尤为关键的是在以专题会议为主要形式的公众参与现场过程中识别和归纳决定性问题，这就需要学生具备前期研究和逻辑分析能力。

（3）对多解规划的比较融合。在基于利益相关者的规划中，不同的利益诉求会导向各异的空间和制度规划方案，使得规划的结果具有多样性和选择性。虽然每个方案对部分利益相关者而言是优选方案，但是对全体利益相关者而言并非是最优选项。最终选择执行的方案必然是协调的结果，从单方面来看未必最优，但却获得至少绝大多数利益相关者的相对认同。这就需要学生具备对规划中间成果的多解意识，进而建立各个成果间的比较标准，最终能够融合各种利益诉求形成最终实施规划。

3）过程组织

工作坊设置了三阶段的教学过程：

（1）基础筹备阶段。采用分散式工作的形式，学生负责综合收集和解析基础资料，指导教师负责制定基本的工作方法论并明确了“功能静态保留”、“公共设施介入”、“经营设施植入”三种典型且可能的总体策略方向。

（2）现场工作阶段。采用集中式工作的形式，学生自由组合成三个工作小组，短期内各自针对选定的总体策略方向制定相应的渐进更新方案，并召开两次分别面向全体住户和政府管理者、专家的现场工作会议，在讨论过程中厘清各利益相关者的立场和诉求。

（3）调整总结成果阶段。各个工作小组基于会议意见结论调整完善先期方案，提交包含制度设计和空间规划的最终成果。

3. 两次关键现场工作会议回顾

1）住户会议

基于前期调研和现场补充调研，三个工作小组连续工作三天后各自完成了第一轮完整的提案。于是，工作坊举行了第一次面向住户的工作会议。会议参加人员包括九名住户代表（各户派出一名），工作坊所有的学生和指导教师，社区联系工作人员。会议在社区会议室召开。

会议的程序包括：对会议讨论主题以及流程介绍，三个工作小组的代表学生各自半小时阐述提案，各住户代表依次表达个人意见。

因为住户工作会议的目的是全面了解每一户住户的真实想法，所以学生的提案尽可能采用通俗化表述方式来抛砖引玉，重点在于激发住户真实想法的表达，从而让学生体验到公众参与的真实情境和矛盾冲突。果然，住户在耐心听取了三个提案后，表达了截然不同且出乎意料的诉求。归纳起来大致有三点：

（1）明确产权性质。真正困扰住户的首要问题并不是空间问题，而是产权问题。因为历史原因，现有用地性质为工业用地，而住户个人没有常规途径进行确权，导致其无法享受与居住用地相联系的户籍、教育、公租房等社会公共福利政策。大部分住户均有意愿和能力进行自主更新，却因普遍担心更新的合法性保障而不愿投入大额资金。

（2）保证绝对公平。在三个提案中，因为场地的限制，很难做到给每户住户增加相同的居住面积。这点遭到住户的一致反对，每户住户都希望增加相同的面积，以确保彼此间至少数字上的绝对公平。

（3）排斥外来功能。对于引入老年人福利设施和民宿的提议，几乎所有住户都表达了反对意见，只有一户 90 岁老人表示可以考虑老年人日间看护中心。虽然现有住户基本都是超过 60 岁的老龄人群，但是大家都具有家园的领域意识，不希望外来人的进入。

通过住户会议，学生理解了公共参与的真实性和复杂性。公众参与并不是课堂中的理论知识，而是实践中的现实冲突。对渐进更新而言，空间设计只有在社会层面解决了原则性问题后才具备展开的意义。

2）政府管理者和专家会议

住户会议结束后，三个工作小组根据住户意见对提案进行了相应调整。两天后，工作坊举行了第二次面向政府和专家的工作会议。会议参加人员包括社区、街道、区市政府相应管理者，国内高校同研究领域专家，工作坊所有的学生和指导教师。会议在工作坊教室召开。

会议的程序包括：三个工作小组代表阐述提案；自下而上各级政府管理者和高校专家进行点评，并提出建议。

政府管理者和专家会议的目的是将住户的真实需求系统性呈现，管理者和专家对既有问题的成因和限制进行专业解析，并期望以学生既有提案为基础，集合集体智慧将核心问题进一步明确，甚至可以提出解困之道来推动渐进更新的实际展开。学生在此过程中，主要学习如何从多个角度全方面理解渐进更新以及专业解析问题的能力。政府管理者的参与使得本次会议具备了上下联动的意义，学生和最基层政府管理者作为住户的意见代表，直接与上级政策制定者进行专业对话，而专家从理论和普遍经验层面提供了支持。

比较有意思的是社区主任作为最基层管理者，详细描述了之前历次更新失败的过程，认为人是更新成功的关键因素，并提出了住户自治的论点，为存量规划和渐进更新的可行性背书。政策制定层级的政府管理者则介绍了当前地域更新的典型模式和存在问题，认为工作坊的方法论一旦能够联系地域实际，就将具备重要价值，但这也是最难且需要突破的方向。专家认为，通过工作坊的前期研究和工作会议已经明确了影响更新的三大问题——确权、腾挪和改造，尤其是按照现有政策政府无法在既有行政框架内彻底解决确权问题，工作坊需要对此进行讨论。

通过政府管理者和专家会议，学生对专业问题的表述和现状困境的理解有了质的提升。

4. 教学成效思考

工作坊的核心目标并非是解决当前的问题，虽然参与工作坊的师生或多或少会有这样的理想，但是更现实的是通过这个过程让利益相关者对问题有全面而深刻的认识，包括住户、政府管理者、学生、老师、学者。于住户和政府管理者而言，工作坊为大家建立了一个相互理性交流的平台，这对实际问题的解决必然会有所裨益。于学生而言，课程为大家建立了理论联系实际的平台，“存量规划”、“公众参与”、“渐进更新”这些理论名词在现实中往往会演化为一些邻里家常的实际问题，如何利用理论指导实际，如何将实际经验丰富理论，这为学生将来从事这方面的工作奠定了系统化的专业基础。

参考文献：

[1] 邹兵 . 增量规划、存量规划与政策规划 [J]. 城市规划，2013，37（2）：35-37.

[2] 赵燕菁 . 城市规划转型：从增量规划到存量规划 [C]// 城市规划学会年会，2010.

[3] 徐国良，梅小丽 . 城市房屋拆迁中土地使用权的保护 [J]. 河南省政法管理干部学院学报，2010（2）：27-31.

[4] 赵燕菁 . 存量规划的理论与实践 [C]// 城市规划学会年会，2014.

Thinking about the Workshop of Public Participation in Guiding Gradual Renewal of the Historical Residential Area

Zhejiang University City College Department of Environment Design Dr. Jia Zhang

1. Background and significance

1) Incremental planning, inventory planning and gradual renewal of urban residential area

The proposal, discussion, exploratory practice of inventory planning (Zhao Yanqing, 2010) indicates the turning point of single-pole growth in Chinese urban development. The urban constructive pattern of large-scale demolition and reconstruction will soon be transformed. Traditional concept of incremental planning is based on the purpose of expansion planning of newly-added construction lands (Zhou Bin, 2013), and operational efficiency and visual beautification of future urban space as well. In contrast, inventory planning is based on the target of adjusting existing space and new planning of built-up areas. Different objects and targets make it difficult for inventory planning to continue the work system of incremental planning. New work methods should be formulated on the basis of new understanding.

To some further extent, the inherent logic of inventory planning focuses on the mapping relationship between land-use right, transaction costs and rules of collaboration. Legal protection of land-use right provides land owners with the absolute right of property. The government should not go against citizens' land-use right with state ownership of land (XuGuoliang, Mei Xiaoli, 2010) . In the premise of absolute property rights, urban renewal will transfer allocated space resources from low-efficient owners to high-efficient owners in the form of transaction (Zhao Yanqing, 2014) . The basis of transactions is overall costs of projects. In the principle of free transaction, inventory planning achievements are reflected in regular system that ensures the completion of transactions. Therefore, inventory planning can be regarded as the whole process for organizational stakeholders and reach the consensus with other stakeholders in cooperation.

Although inventory planning significantly expanded the sociality of urban planning, urban planning always concerns space planning. It merely focuses more on sociality than materiality of space planning. Such transformation is obvious reflected in urban residential area renewal. Last round of urban residential area renewal was conducted along with old city reconstruction. As another form of incremental planning, large-scale demolition and reconstruction caused many urban problems, including the disappearance of traditional landscape, and differentiation of social classes. In the new normal social status, the over-simplified planning and construction mode is difficult to sustain. Instead, small-scale and gradual form of renewal emerged. "Gradual" features are reflected in the two aspects. (1) Long period of cycle. Renewal activities may constantly take place over a long period of time. The pace of renewal is relatively slow. (2) Multiple phases. The renewal process is divided into multiple discontinuous phases. Real-time assessments of achievements are conducted based on actual status. Corresponding strategies and measures on renewal are also formulated. It has essential differences compared with implementation by stages in traditional planning. Gradual renewal emphasizes that stakeholders resolve space conflicts gradually through mutual recognition and collaboration. As the core strategy of incremental planning, gradual renewal can be applied in urban residential area renewal that involves multiple stakeholders.

2) Teaching significance of public participation methods

Urban residential area renewal based on incremental planning is conducted by the government. The set mode is: the government is in charge of demolition and subsequent monitoring. Owners of space use right negotiate economic compensation agreement with the government. Developers conduct development construction and secondary allocation (or by the government). Urban planners are in charge of reconstruction planning based on clear and given tasks. Public authority reduces costs and time length. It also causes relevant negative effects.

In gradual renewal process, owners of space use right become the leading roles in the whole process.

Government, planners and contractors are mere participants. As for planners, the first task is to identify instead of interpreting planning tasks. This means that social intervention begins in urban planning. It can be predicted that how to coordinate space use right owners to reach common targets and action plans, and obtain support from other stakeholders will become the most crucial and primary content to promote space renewal. Therefore, planner should firstly organize the public to participate, coordinate stakeholders to reach common consensus. After that, space planning can be conducted.

In reality, domestic urban planning is the same as space planning. Even if in recent years, public events caused by urban planning have kept on occurring, due to limitations in factors such as laws and regulation, administrative system, and public cognition, public participation in urban planning has been considered a formality, which will not have true decisive impacts on planning results. The same problem is also reflected in urban planning teaching. Material space form has always occupied the dominant position, while public participation is basically ignored in teaching.

Incremental planning development anticipation and gradual renewal practice provide motivation and experiences for promoting public participation in teaching. As for objects, public participation in teaching introduces people and events into space planning, and enhances students' understanding on planning system. As for methods, public participation in teaching highlights and solves social problems hidden in urban planning. It also introduces sociological approach into planning teaching, and expands students' mastery on planning technologies.

2. Teaching design on public participation and guidance on gradual renewal of residential areas

1) Sites selection

The workshop centers on the public participation as teaching core. The research site was finally chosen to locate in the historic preservation zone of the Southern Song Dynasty in Hangzhou. The following three factors are considered:

Limitation of historic conservation zones. The site is located within the historic preservation zone of the Southern Song Dynasty. Any construction activities will be restricted. All residential buildings within the region can only be renovated instead of reconstructed.

Necessity of material space improvement. The government has completed facade renovation of the site. But due to various reasons, internal renovation was not conducted, thus causing the urgent situation of internal environment of the site. Residents have common needs on material space improvement.

Typicality of public appeals and conflicts. Environmental reconstruction work around and inside the site has been completed . Residents' disagreement on site renovation is the main reason why site renovation work is not conducted. Complicated public demands require professional methods and procedures on public participation to coordinate.

2) Teaching targets

The purpose of workshop is to let student fully experience public participation and guidance on gradual renewal of residential areas, so as to help them understand the accurate definition of standard procedures, common difficulties of public participation, as well as the definition of gradual renewal. Specific teaching targets are mainly stated as follows:

Comprehensive understanding of stakeholders. Multiple subject participation is essential condition for gradual renewal. Multiple participation concerns all stakeholders. Gradual renewal is the result of stakeholders' participation. In different phases, there are different compositions, appeals and functions of stakeholders. Therefore, a Comprehensive understanding of stakeholders is the first issue to be solved in every phase of gradual renewal. Teaching of comprehensive understanding includes two aspects of demands: complete understanding of stakeholders' composition; Accurate positioning of stakeholders' responsibilities.

Process organization of public participation. Public participation is the key content in different phases of gradual renewal in planning. The main purpose is to coordinate interest demands of stakeholders, and help them to reach consensus on planning objectives, space forms and action plans. On one hand, spacial language should be used to express spacial problems to stakeholders. On the other hand, they should use sociological approach to organize stakeholders' participation. Public participation is the connection between space and society. The teaching focus concerns organizational forms, procedures and coordination mechanism. Special meetings in public participation should identify and summarize decisive problems. This requires students to possess abilities in preliminary studies and logical analysis.

Comparison and amalgamation of alternative planning. As for planning formulated based on stakeholders, different interest demands may have different impacts on space and system planning, thus creating diversity and selectivity of planning results. Although every plan may be the optimal to some stakeholders. But to the whole group of stakeholders, it may not be the optimal solution plan. The final plan in implementation is the result of coordination. This requires students to possess alternative awareness on planning results, establish comparison standards concerning different results, and finally integrate different interest demands and formulate implementation plans.

3) Process organization

Three teaching stages are included in the workshop:

Basic preparation stage. Distributed wok mode is adopted. Students are in charge of collecting and analyzing basic materials. Instructors are in charge of formulating basic working methods, and determining the three typical and possible overall strategic directions on " reservation of static functions", "intervention of public utilities", "implantation of operation facilities" .

Field work stage. Concentrated work mode is adopted. Students form three working groups. In the short term, they should formulate corresponding gradual renewal plans based on their own respectively selected overall strategy. They should also hold two meetings, specifically targeted on all households, government administrators, and field experts. Sort out interests and demands of different stakeholders in discussions.

Results adjustment and summary stage. Different working groups improve previous plans based on meeting agreement, and submit final results including system design and space planning.

3. Review on two crucial field work meetings

1) Residents' meeting

Based on previous research and field research, the three working teams finished their first complete proposals after three days' work. So workshop held the first meeting concerning residents. Meeting attendants included nine representative residents (different households assigned one of them), all students and instructors in the workshop, community workers. The meeting was held in the community meeting room.

Meeting procedures include: themes discussion and procedure introduction. Students in three working groups discuss their own proposals for half an hour. Different representative households expressed their own viewpoints.

Because household work meetings intend to obtain the comprehensive understanding of every household's true opinions , students' proposals should be written in plain words in order to encourage residents to express their own views. As expected, after going through the three proposals, different households expressed different opinions and demands. They can be summarized in the following three points:

Identifying the nature of property rights. The main problem that bothers households is not space problem, but property issues. Due to historical reasons, existing property nature is industrial land. But residents do not have regular way to confirm their rights. As a result, they can not enjoy related public welfare policies such as household registration, education and public rental housing. Most households have the intention and capability to conduct self-renovation. But they commonly fear the lack of protection for legal rights and interests. So they are unwilling to invest large sums of money.

Ensuring absolute equality. In the three proposals, due to the limited site areas, it is hard to increase the same living areas for every household. They are all against this problem. Every household hopes to obtain the same increase in living areas. At least, absolute equality on numbers should be ensured and guaranteed.

Function of rejecting external strangers. As for the proposal of setting up welfare facilities for the old, almost all households expressed counter-views. Only a 90-year-old resident supported on the day-care-center. Although basically all households have residents over the age of 60, they all have strong awareness of home territory, and don't want strangers in.

Through household meeting, students could better understand the reality and complexity of public participation. Public participation is not theoretical knowledge in class. It concerns practical conflicts in reality. As for gradual renewal, only when matters of principles are solved on social levels, space design can be implemented.

2) Government administrators and experts' meeting

After the residential meeting, three work teams made relevant adjustments to proposals according to residents' viewpoints. Two days later, the workshop conducted the second meeting on government administrators and experts. Attendants include administrators from community, district and municipal government, experts from different universities who specialized in the same area, all students and instructors in the workshop. The meeting was held in the workshop classroom.

Meeting procedures include: three work teams' representatives discuss proposals. Government administrators of different levels and university experts made comments and relevant proposals

The purpose of government administrators' and experts' meeting is to reveal the true demands of households. Government administrators and experts conduct professional analysis on current problems and limitations. They also anticipate that with the help of students' existing proposals and collective intelligence, they can further identify core problems. In the process, students can learn how to obtain comprehensive understanding on gradual renewal from different perspectives. Government administrators' participation promoted top-to-bottom connection in the meeting. As representatives of household's viewpoints, students and basic-level administrators held professional conversations with policy-makers. Experts provided support based on theory and common experiences.

As administrators from the most basic level of government, residential committee directors elaborated on previous failure of renewal. They thought that people are the key factor to renewal, and proposed the idea of household autonomy. As policy makers, government administrators discussed the typical models and problems in local renewal. They thought that if workshop's working method was related to regional reality, it would be of great value. Experts believed that through previous research and work meetings, three problems prohibiting renewal are identified: "right confirmation, removal and reconstruction" . Based on existing policies, government can not completely solve the problem of right confirmation within in existing administrative framework. The workshop should discuss this issue specifically.

Through government administrators and experts' meeting, students' understanding on professional problems and current difficult situation were greatly enhanced.

4. Reflection on teaching achievement.

The core purpose of the workshop is not to solve current problems. Although students and teachers in the workshop may have such target to some extent, a much more important purpose is that through this process, stakeholders can obtain a comprehensive and deep understanding on relevant problems, including households, government administrators, students, teacher sand experts. As for households and government administrators, the workshop created a platform for them to conduct reasonable communication. As for students, the course serves as the platform for them to combine theory with practice. Theoretical terms like " incremental planning", "public participation" and " gradual renewal" often become practical issues in some residential households. How to guide practice with theories and enrich theories based on practical experiences lays professional foundation for students who will be engaged in this area of work in the future.

杭州自律型居住环境改善的研究方法和意义

日本早稻田大学 创造理工学研究科 建筑学博士研究生 张晓菲
日本早稻田大学 创造理工学研究科 建筑学硕士研究生 益子智之

本文通过在杭州地区展开的调查和研究，从日本研究团队的立场对各研究对象地区的环境改善相关研究方法论及意义进行探讨，并根据调查结果对各地区的居住环境改善手法作出评述。这次杭州调查通过地域化方法论，内容涉及各研究地区的居住环境改善现状及课题、空间特征等诸课题。利用统一方法论，检讨各研究现场对应的居住环境改善方法。

1. 望江地区规划方案

1）望江地区概况

望江地区以前为杭州城郭外围的农村地区，20 世纪 70 年代后作为杭州火车站区块，住宅需求旺盛，一部分农地转为城市住宅用地。在城市化进程中，由于土地共同所有制形态的限制，该地区都市整备和居住环境改善停滞不前。周边高层公寓林立，而望江地区尚残留着大量城中村，被称为都市中的农村。地处被称为城市化引擎的火车站周边，望江地区理应具有较高的开发价值（图 1）。

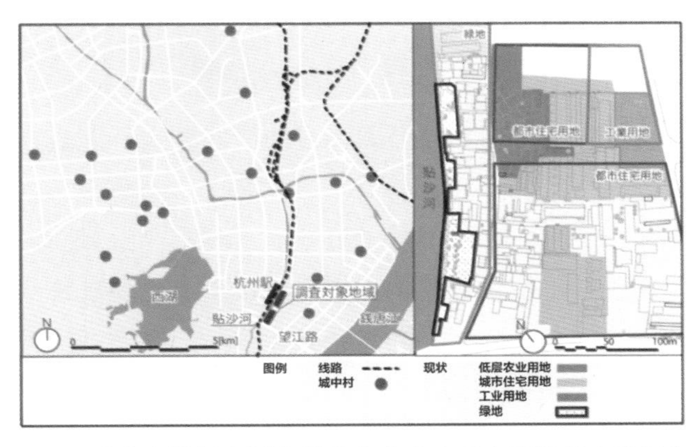

图 1 （左）杭州市城中村的分布（由日本团队学生绘制）

（右）望江地区的城市规划土地利用规划（根据杭州市规划局的相关公示资料绘制）

本研究对象为望江街道的一部分。对象地区的整体范围见图 2：西侧为流淌的贴沙河，东侧为住宅区。西侧有大量小规模的建筑物。南北向的马路两边一楼为商铺的住宅居多。根据调查，对象地区目前有居民楼 56 幢，住户 1176 户，小型居住楼 10 幢 156 户；平房 39 户，总计 1376 户，内有商铺 22 家。

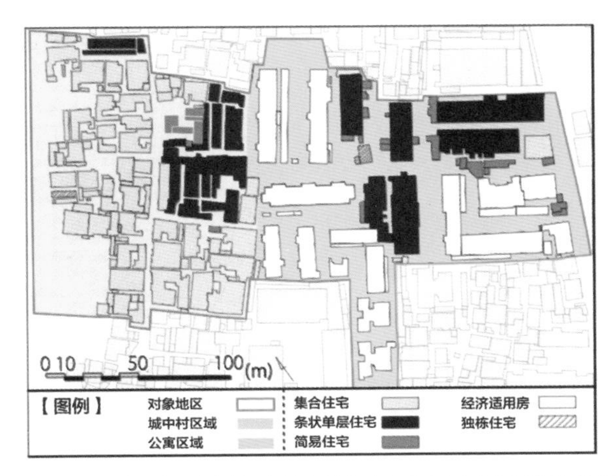

图 2 研究对象范围内的建筑现状图（由日本团队学生绘制）

2）对象地区的现状及其问题

通过社区听证会对望江地区在空间面和社会面存在的诸问题进行调查，揭示并分析城市化进程中残留的城中村这一特殊空间形态的存在特点。

首先通过基于产权关系的听证调查，发现房东都住在杭州的其他区域，而当地居住的是外来打工者。该地区没有内部整治，居住面积狭小但接近城市中心，提供了大量的低价住宅。要求利益最大化的房东和需要市中心低价住宅的外来打工者具有相同的利益关系。房东和打工者的需求一致（低价格低品质）导致了居住环境更新的停滞，居住环境过于密集。这种利益关系还造成：为了增加用于出租的房间，无序的违章改建盛行；为扩大私有领地，产生了复杂的建筑形态。通过违章改建，各个建筑物之间空间连接错综复杂，横向纵向相间的复杂建筑形态到处可见。为此将对象地区的无次序复杂建筑形态定义为“立体形态体系”加以分析研究（图 3）

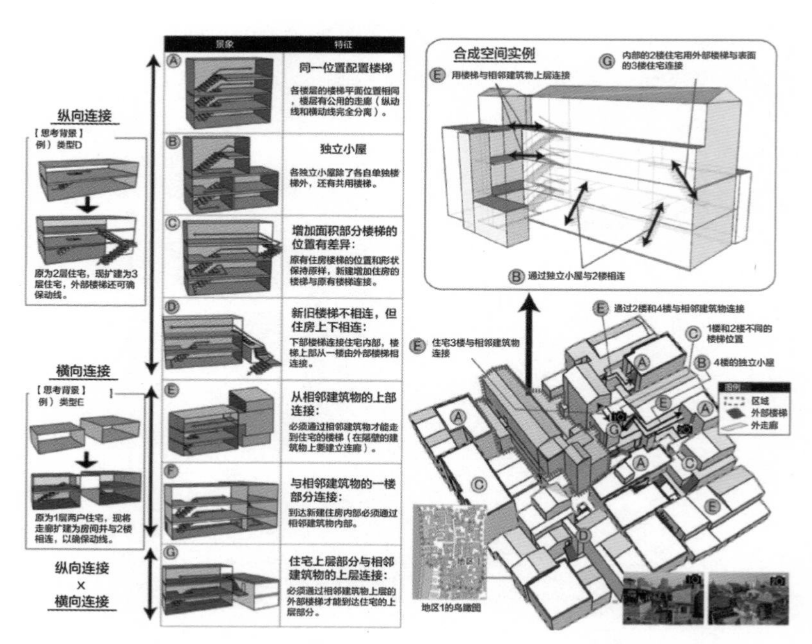

图 3　望江地区立体形态体系的实例分析（本图由日本团队学生绘制）

3）居住环境改善的阶段性提案

（1）示范设计区域的提出（图 4）

根据调查结果，提炼出不同建筑样式、“立体形态体系”、不同生活样式的区域，以“低价住宅用地（仅限开发限价住宅）”、“住宅密度过高区域社区空间的保障”、“居住环境改善的承担者（外部居住的房东等）”为关键词，制定了《城中村高密度居住地再开发方案》。

图 4　研究案例的建筑现状图（由日本团队学生绘制）

（2）农村高密度居住地再生方案方针和内容

a. 低价住宅用地（仅限开发限价住宅）：为外来打工者这一边缘群体提供可持续的住房。通过社区和土地拥有者的共同开发项目确保出租住宅，在减少建筑物数量的条件下确保区域内原有的住户数。改建后的建筑物及公共空间的一部分作为促进打工者就业的场所。

b. 住宅密度过高区域社区空间的保障：活用城中村土地，打造具有农村气息的都市生活区域，改善居住环境。因过度违章改建而造成居住环境恶劣的区块，要拆除违章建筑，扩大沿河的亲水空间，确保社区和公共空间。将原有和新建的公共空间转为绿地和农地，达到农业和社区空间一体化的再生。

c. 居住环境改善的承担者（外部居住的房东等）：社区可以以协会的形式作为连接居民和政府间的中间支援力量，推动政府和协动体制的阶段发展。项目的推进以社区为核心，将外部居住的房东和望江地区内居住的打工者组成协会，支持房屋所有者、住民和政府三者协动的居住环境改善项目。政府通过购买土地和保留用地、产业转型补助等举措来支援地区居住环境的改善。

（3）渐进型居住环境再生的实现过程——从示范项目到望江地区全范围

为达到渐进型居住环境再生，首先应制定望江地区的整体规划（图5）；然后制定区域性规划及地域指导规划（图6）；为推动居住环境改善方案，示范性项目的实践（图7）基础上，建立民间改善班、居民委员会等组织促进居民参与度；建立当地居民、当地政府、民间机构间的合作机制，构筑多方协动体制。最后与全区域基于指导性规划的自主改善有机结合，使居住持续性和地域再生（图8、图9）的展开成为可能。

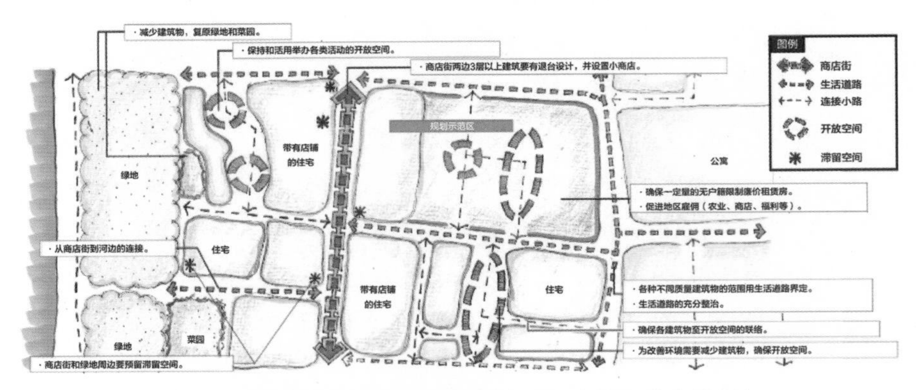

图5 望江地区的整体规划结构（由日本团队学生绘制）

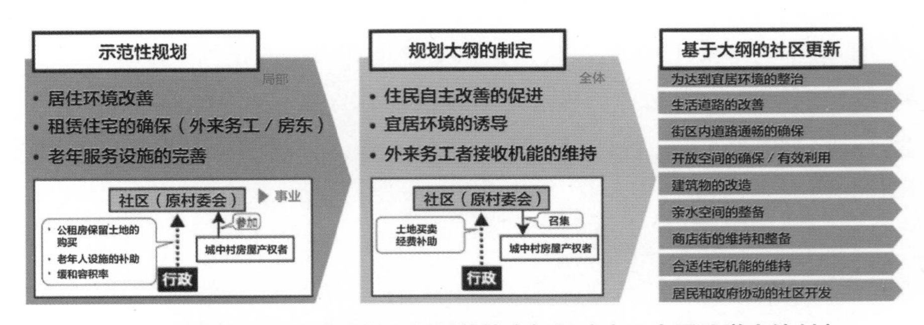

图6 区域性规划及地域指导规划的技术框架（由日本团队学生绘制）

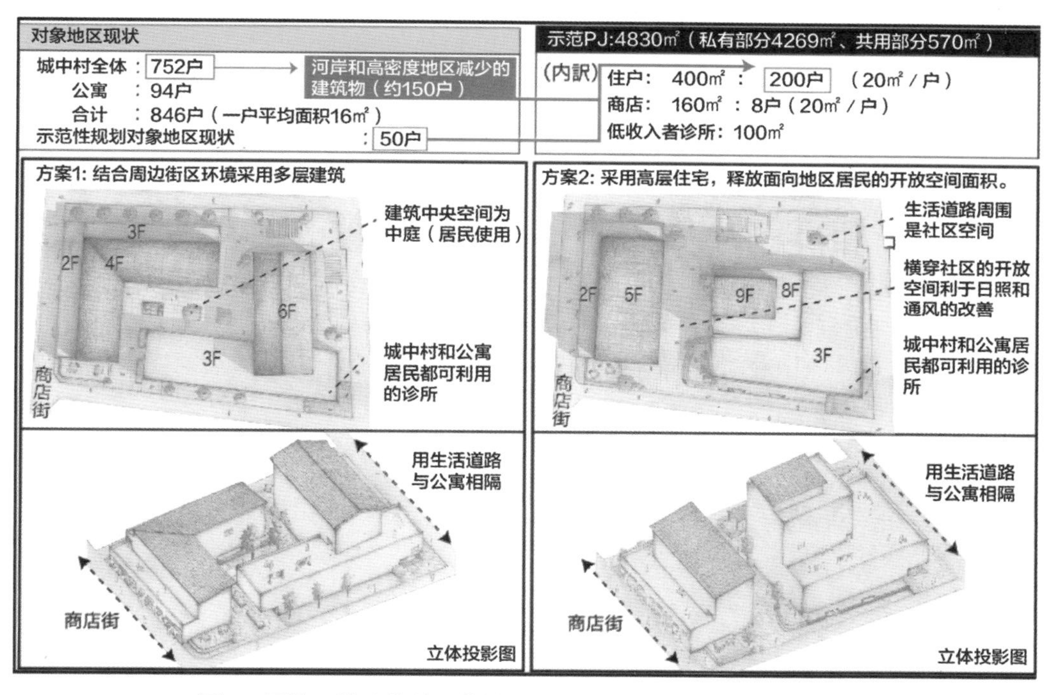

图 7 居住环境改善的示范性项目方案（由日本团队学生绘制）

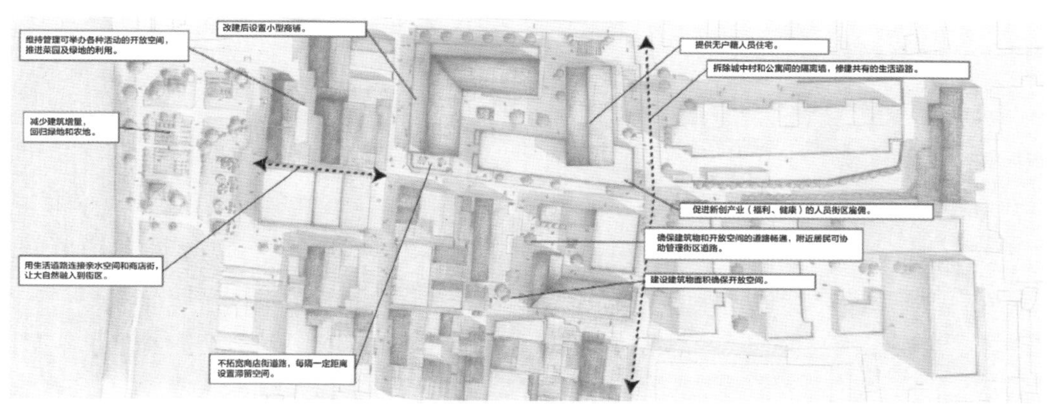

图 8 居住环境改善方案总平面图（由日本团队学生绘制）

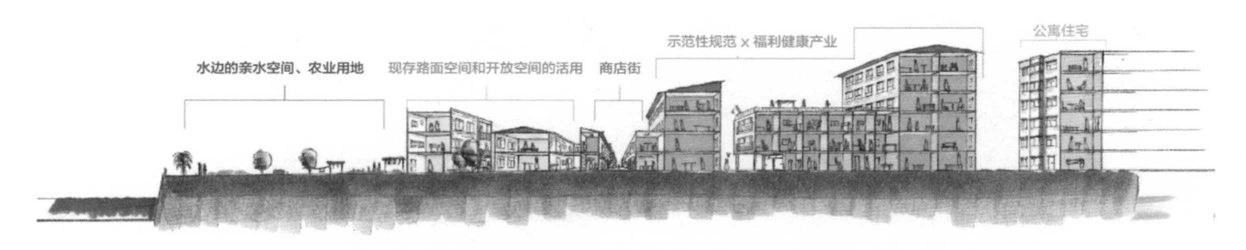

图 9　居住环境改善方案剖面图（由日本团队学生绘制）

4）小结

我们完成了从单个示范项目到望江地区、地域全体的整体规划到局部规划的阶段性居住环境再生过程提案。为推进居住环境改善事业，建立了以社区为中心各组织和协会，并以此作为项目的中间支援。这一中间组织在居住环境改善层面上可以作为产权所有者、外来务工居民、政府之间的协议平台，获取行政制度和资金支援，以协动的形式形成合意，实现空间和生活方式的多样化；在社区运营层面，可以在工作的持续性方面发挥功效。

2. 湖滨地区规划方案

1）湖滨地区的区位及概况

2013 年 9 月我们开展了对西湖边湖滨地区两个街区的调查研究。

湖滨地区位于南宋都城杭州市的城郭内区域，在历代皇朝宫殿遗迹上发展而来。1911 年辛亥革命后，杭州湖滨地区兴起一次“新市场”建设计划，拆除清皇朝象征旧满营遗迹的旧城墙，将西湖的美景融入新规划地区。通过基于“新市场规划”的超级街区开发，将杭州的沿街商业区转移到沿湖的湖滨区域。结果湖滨地区成为现代都市的商业中心（图 10、图 11）。研究对象街区四周建有大量高级宾馆和商业设施，在政府主导的观光和商业开发压力下，该地区地价高涨，低收入居民的居住持续性受到影响。

研究对象地区内残存有大量超级街区开发所包围传统密集住宅，是典型的“都市口袋”区域。西湖作为世界遗产要接待大量的观光客，因此街区的外侧也相应转变为观光用途。熙熙攘攘的人流对街区内部也有影响。这是一个观光和居住、高档住宅和传统住宅各对立价值观并存的地区。随着研究对象地区原有居住环境的变化，为了原住民的居住持续性，在思考现存社区和居住实态的同时，需要提炼出全新居住环境改善手法和措施。

2）对象区域的研究课题

作为开发中的“都市口袋”与高档和传统住宅并存的湖滨地区，我们将以听证会和空间调查为核心开展调查研究，包括以建筑用途、建筑样式、外部空间、墙壁等为内容的详尽空间调查和面向社区与居民的听证调查、行为调查（观光和生活动线）等。湖滨地区作为最接近西湖的都市区块，在调查期间街区外部的商业化还在缓慢延伸。街区内部还保留着大量的历史建筑，大排档和廉价食品为当地居民的生活提供内部便利，当地居民并未感到大的生活压力。但根据土地利用实态调查，环境变化还是加剧了居民的生活压力。

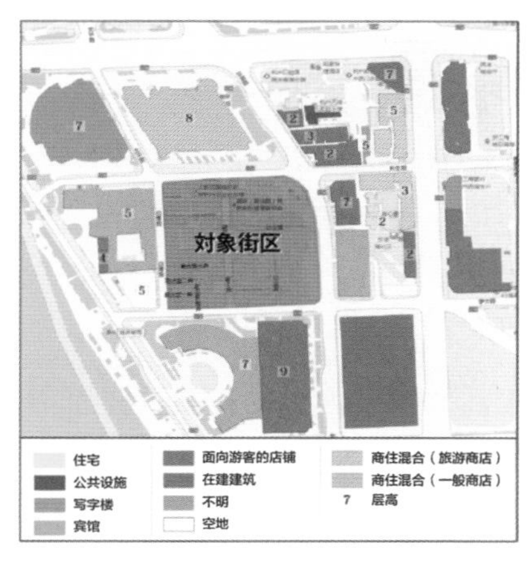

图 10　湖滨地区的土地利用现状

（由日本团队学生绘制）

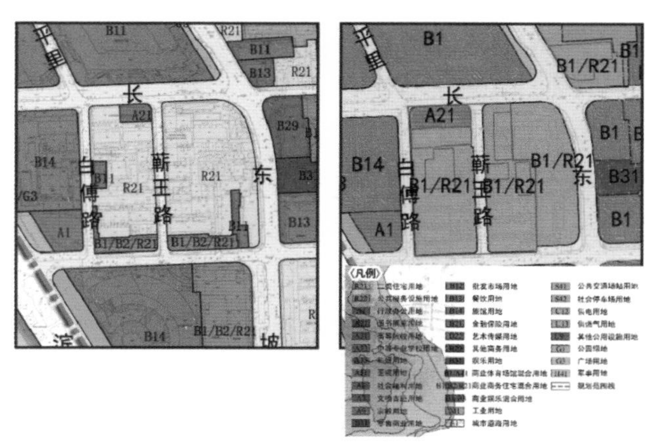

图 11　研究对象街区的土地利用现状及土地利用规划图

（由日本团队学生根据杭州市规划局的相关资料绘制）

3）渐进型居住环境改善提案

（1）有关单元提出

多种建筑形态和观光、生活、商业形态并存的湖滨地区，我们的提案以“社区共存”，“观光、商业和生活共存”的价值观为基础，提炼出细分居住环境单元。本提案的单元是指具有共通的动线、共有空间和共通课题的多个建筑物的空间组合。以建筑形态、院墙、动线为要素，结合观光和开发压力并存的居住环境现状，将对象街区细分为 A ～ Z 小单元（图 12、图 13）。

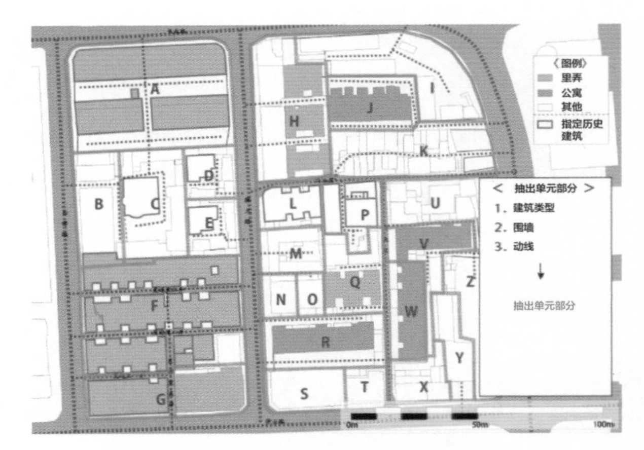

图 12　研究对象街区的单元细分图

（由日本团队学生绘制）

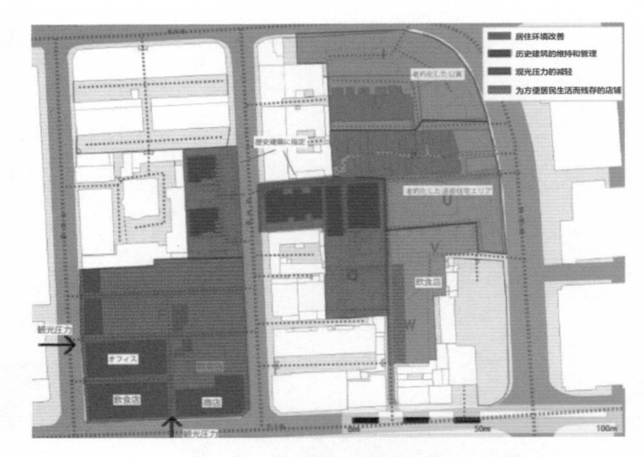

图 13　研究对象街区内的主要共同课题

（由日本团队学生绘制）

（2）居住环境改善提案

针对湖滨地区，我们制定了“社区共存”，“观光、商业和生活共存”为目的，多种建筑形态与生活服务一体化为特点的陆地空间保全提案。以下详细说明细分单元的规划方案。

a. D、E、F、G 单元的规划（图 14）：

D、E、F、G 单元是东侧与西湖相邻，具有浓厚商业氛围，店铺很多，开发压力较高的居住区域。D、E 单元残存有破旧的历史建筑物，F、G 单元为商住并存的历史建筑物。

商住并存式历史居住区更新管理提案
——以 D、E、F、G 单元为例

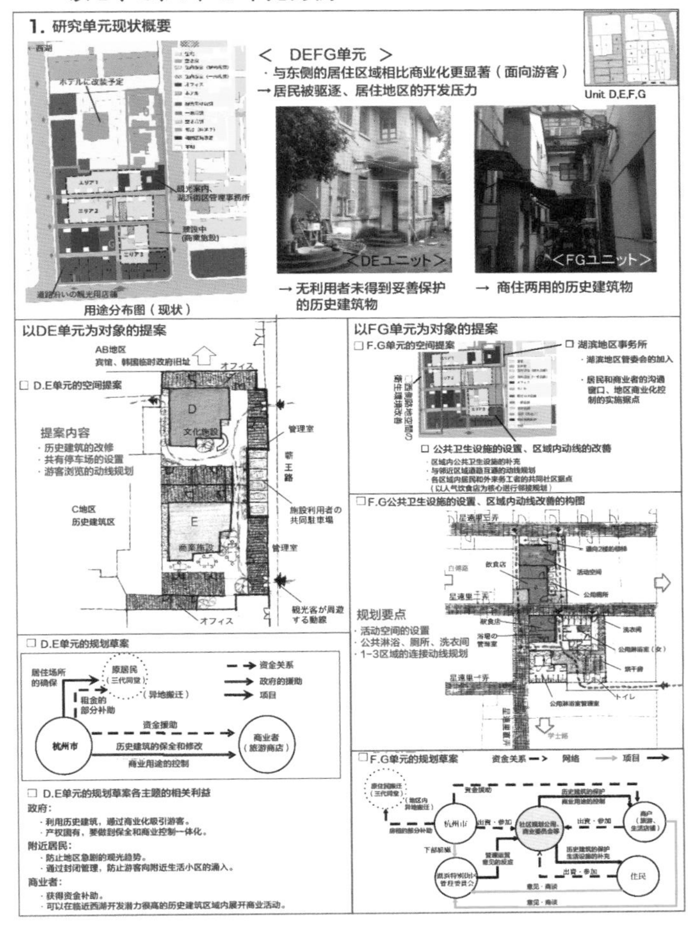

图 14　D、E、F、G 单元的规划

a）D、E 单元既没有来自周边地区的开发压力，也缺乏历史建筑的维持管理，与湖滨东侧道路相封闭的区域。根据听证调查和行为调查，该区块都是三代同堂的居民。根据调查结果，我们制定了针对 D、E、F、G 单元的三个规划方针：①保全历史建筑，将居住机能转为商业化和办公业务化；②活用道路沿线的院墙和封闭的小巷，防止商业开发向东侧居住区域蔓延；③未来将以历史建筑街区的商业化为目标，制定 A、B、C、D、E 区块的游客导线整体规划。具体规划内容包括：历史建筑的改修，共同停车场的设置，游客周游的导线规划。

根据规划草案房屋产权由杭州市政府所有，负责历史建筑的保护和改建，旅游商业的招商并提供配套资金，迁出的当地居民由政府提供保障住宅和相应的房租补贴。

b）F、G 区块的西侧为游客导线，东侧为原住居民导线为商住共存区域。有大量利用路面空间的旅游服务商店，也有丰富的住民居家活动。还有面向游客和居民开设各种商店。针对上述现状，我们提炼出规划区域。与湖滨地区写字楼、商住并存的实态相异的区域 1 ~ 3，我们制定各自相应的规划方针。

具体包括：活用湖滨地区的现存写字楼，设置针对居民和商家的各种设施。区块 1 将继承居民居家活动的路面空间；区块 2 将补充 F、G 地区的共同公共设施；区块 3 针对区域动线不足和其他区域社区的公共课题缺失，规划区域内社区空间，通过动线规划，形成 F、G 地区的社区整体。西侧道路沿线，由于路面占道严重造成公共环境卫生恶化，为此沿街饭店的水池和厕所将全部搬迁至室内，实现从业人员和居民的动线分离。通过以上区块隔离，重新规划湖滨地区写字楼、公共浴室等建筑和动线，以使西侧沿线道路环境得到较大改善。

规划草案的作用是通过行政指导，推动项目顺利进行；组织居民、社区规划设计公司、商业委员会来明确规划项目主体，制定针对地区内店铺的规章制度；政府下属机构湖滨地区管委会作为居民和商家的协商窗口，负责协调纠纷、协商意见，并将协商意见反馈给规划设计公司。

b. I、J、K、U 单元的规划（图 15）：

I、J、K、U 单元道路沿线的商业开发相对成熟，街区内部面向居民的店铺生意兴隆，但也存在外来务工人员居住的违章建筑内卫生设备缺失，房屋老化等诸多问题。

针对上述现状，我们提出两个方案。一是东坡路和长生路沿街的商业化。随着周边地区城市旅游开发向街区内部的扩展，出现了很多旅游商店，该区块具有较高的商业价值。为此我们提出了联合开发提案即与周边区域进行联合商业开发来抑制本区域的商业开发压力，联合开发建筑物的一楼为商铺，二楼以上为写字楼和住宅。商业用地和住宅用地之间的空地为缓冲区。二是老旧住宅的改善和公有住宅的建设。公有住宅主要向地区内务工人员提供低租金住房。它的一楼可以为社区商铺，即可以为外来务工人员提供工作岗位，也为当地居民带来生活便利。二楼以上向外来务工人员和低收入家庭提供不同租金的住房，一个房间的租金 400 ~ 700 元不等。住房分为两类，一种是厨房、浴室、厕所公有，一种是独立的厨房、浴室。在公共空间设立为外来务工人员和当地居民服务的社区。为确保地区良好治安，宅地间必须保留一定的共有空间。

规划草案是对具有复杂产权关系街区住宅环境改善的阶段进行。通过地区各团体建立社区规划公司，由公司收集土地，对原有居民进行再分配。此次再分配通过对道路两侧建筑的高层化和高档化，产生保留用地，使区域其他部分的居住环境得到改善。

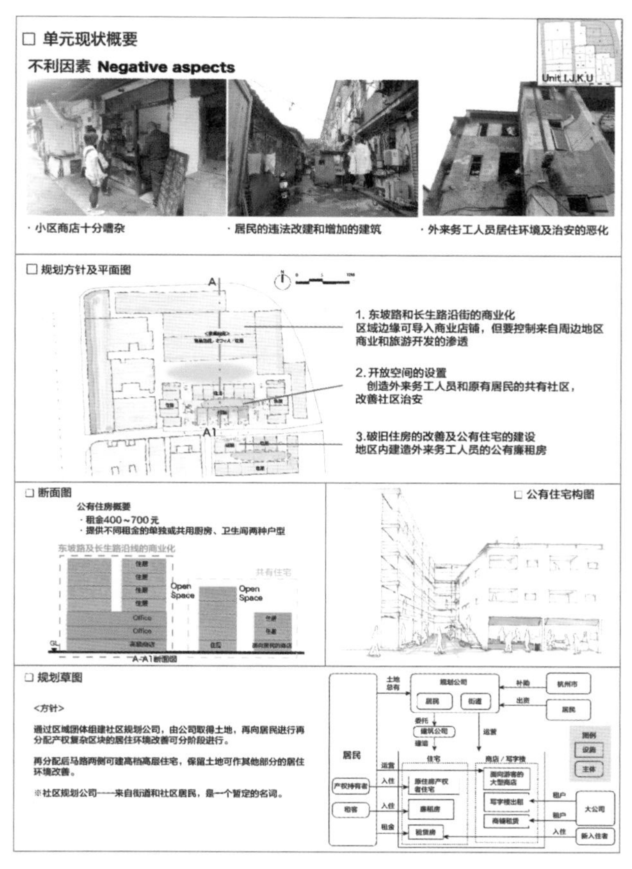

图 15　I、J、K、U 单元的规划

c. L、P、Q 和 V、W 单元的规划（图 16、图 17）:

L、P、Q 单元存有缺乏保养和管理的一批历史建筑，居民的生活活动也较少。街区内还开设有廉价饮食店。虽然居住和商业尚未达到平衡，但以饮食店为媒介形成社区还是很有可能的。根据这种现状和可能性，我们提出利用空间、用途的地域开放，达成自律型历史建筑管理和社区建设的方针。

V、W 区块开有面向内务工人员的饮食店，街区沿路外来人员较多，生活设施缺乏，生活和居住环境恶劣。根据这一现状，兼顾小型饮食店的维持管理和居住环境改善，以与生活密切相关的小饮食店为媒介，提出居住环境的改善方案。

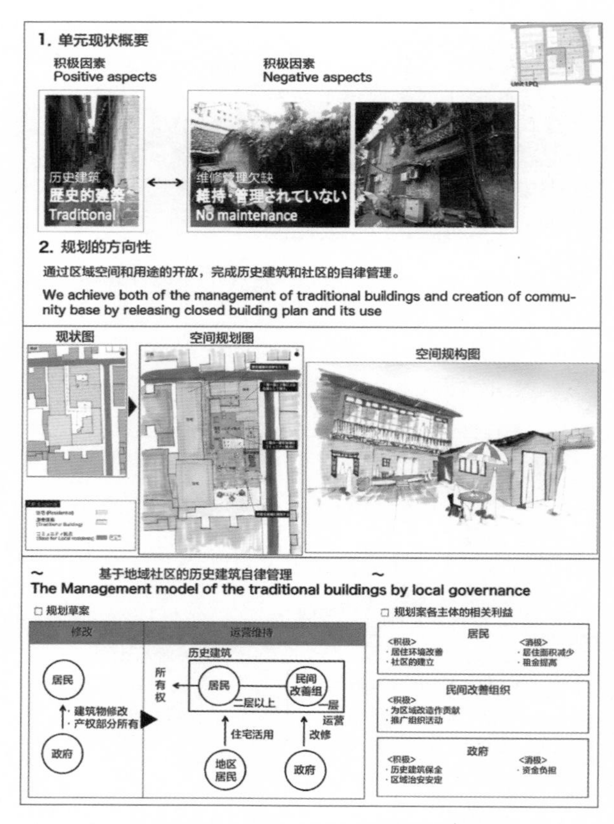

图 16 L、P、Q 单元的规划

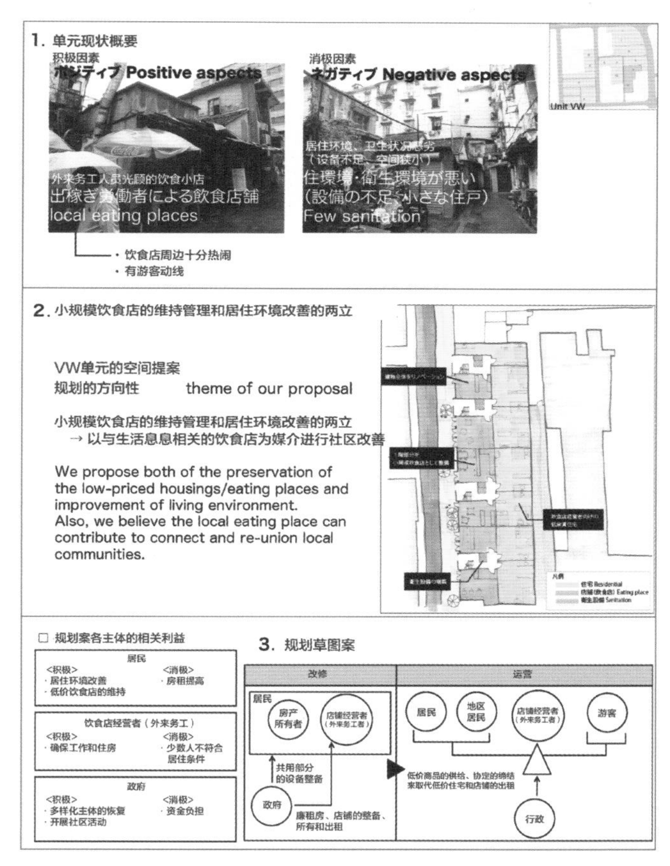

图 17 V、W 单元的规划

4）小结

临近西湖的湖滨地区是杭州城市发展的排头兵，也是城市开发和观光压力较大的住宅区块。作为开发潜力较大区域，行政和私营企业各自主导的开发在资金面和权利关系等方面存在明显的界限，因此需要转换思路引入第三种方法论，即以居民为主体的地区住宅环境改善方案。为此我们制定了以居民持续居住为目的，基于单位划分、小规模居住环境改善的“社区共存”，“观光、商业和居住共存”

多样化建筑形态和生活服务一体化的道路空间保全方案。

通过单位划分缩小开发规模，它的优点是获取较小单位的同意并形成组织基础，顺利地完成居住环境的改善。小单位可以作为示范项目先行推进，成功一个推广一个，循序渐进，达到居住环境的阶段性改善。第一个项目必须有一定的补助金和容积率缓和，特别是要确保开发后留有一定的保留用地。第一个项目产生的保留用地可作为下一个项目的使用面积使前后两个项目保持一定的关联。

为完成以上项目，我们制定本规划草案：建立居民、政府、民间企业等多主体参与体制，以基于地区内部组织（如街道、民间改善班、居委会等）的协动型“社区规划公司”为主体，获取居民合意，逐步实现空间和生活景象的多样化。协动体制下的居住环境改善可保持既存社区无需迁出原有居民，节约居民的拆迁资金，而第三方组织——社区规划公司负责筹措开发资金。项目开发母体为协动组织而非个人，这样可以获得政府补助资金。如果是为了维持公共机能就更容易获得政府的资金支持。形成了这样的制度，居住环境改善事业的启动也就顺理成章了。通过第三方组织来决定前一项目所形成保留用地的使用权和分配，也有利于合意形成，即这个第三方组织并不是单纯地持有建筑物所附的各项权利，它还要担负起保留用地的管理和运营。通过协动体制下的项目开发，在保持现存社区的同时改善居住环境，使居民多样化生活方式的实现成为可能。

3. 紫阳地区研究的方法论及其意义

1）紫阳地区的概况

紫阳地区位于南宋皇城遗址保护区内，周边的小山丘是市民休闲游玩的好去处，再加上贴近生活的农贸市场，是一个充满平民气息的老城区。政府主导的历史文化街区改造的启动，古旧建筑物得到修复和加固，整治了公共空间和步行空间。居住环境未得到改善区域的住宅也在政府主导下得到修缮，有些住宅交由民营企业改造成民宿后经营管理。该地区还制定了地区经济活性化及雇用创造的项目规划。随着公共空间整治的持续推进，由于复杂的产权关系、土地价格的高涨、卫生设施的缺乏等各种原因，使紫阳地区成为居住环境改善尚未实施的一个死角（图 18）。

2）紫阳地区研究的背景和方法论

紫阳地区的调查分别在 2013 年 12 月和 2014 年 4 月举办两次。2013 年 12 月在社区负责人陪同下进行社区漫步，举办社区负责人与浙江大学、居委会、日本研究团队间的交流座谈会，初步把握紫阳地区居住环境的实态、政府整治规划，并就此前的研究经验交换意见。根据政府意向、居民和产权者现状、工作坊的召开、居住环境改善的实现性等条件，确定 60 号及周边街区为具体研究对象区域。以 60 号为焦点召开调查，分析和制定规划方案，做好 2014 年 3 月调查的前期准备工作。

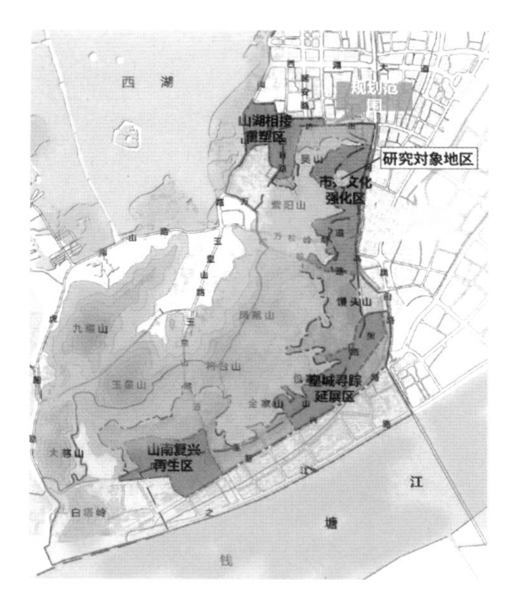

图 18　紫阳地区研究对象地区的位置关系

（根据杭州市上城区沿山地区概念规划绘制）

2014 年 3 月，根据日本团队的调查结果和规划方案，我们与浙江大学联合进行了追加调查（图 19）。对详细居住环境实态进行梳理和把握，分析制定规划方案。在项目现场，学生们通过调查、分析，以及规划方案的制定，可以提炼出具有地域特性的调查研究方法论。

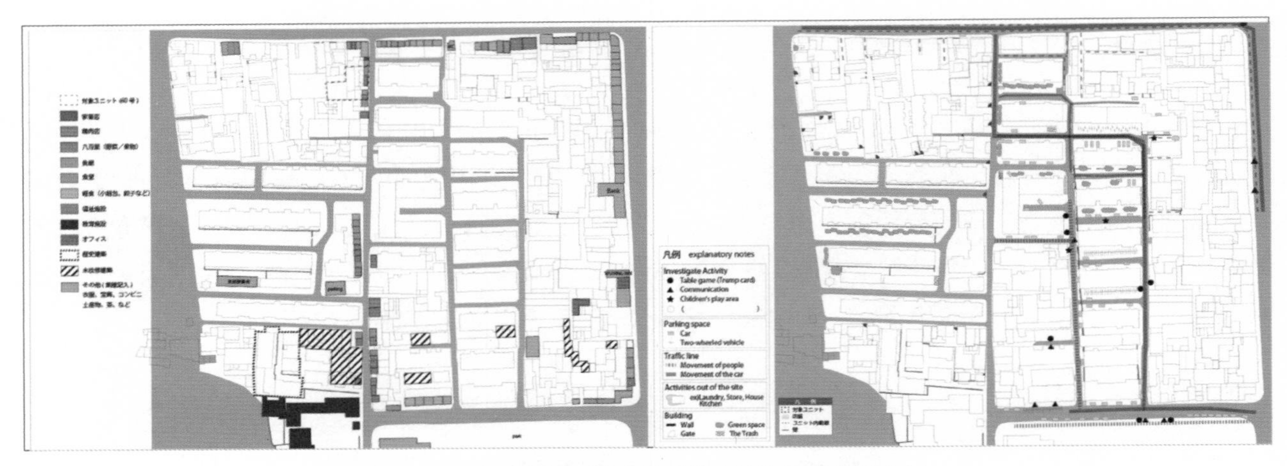

图 19 研究对象地区的建筑现状用途和街巷格局分析

3）对象地区的现状及问题

在集中反映城市平民居住生活的紫阳地区，以对象单元 60 号为焦点，我们开展了 60 号单元及周边区域的听证和空间调查（图 20）。听证调查以 60 号及周边居民、市场经营户为调查对象，对被调查者的基本情况、居住环境、社区作了调查。空间调查则对对象单元的物理空间、市场店铺和周边店铺种类、周边地区的主要动线作了调查。住宅和市场的相邻虽然给居民生活带来便利，但也滋生了污水、异臭等各类卫生问题。从住宅空间看，住宅内无法保证良好的通风和光照，通路和中庭等公共空间也放置了厨房用具；居民大多为高龄老住户，福利和医疗设施尚未健全；受到产权不明晰等因素的制约，对象区域内的社区建设相对落后。从地区全体看，因为有太庙广场和其他寺庙，存在着社区活动的举办空间，是在地市民传统风貌保存较为完整的街区。近年随着政府历史街区整治工作的逐步推进，居住环境改善主要围绕着街道沿线展开，高密度住宅内部的改善尚未进行。当地居民和商店经营户的地区归属意识较强，希望能保持当前社区，整治居住环境，达成居住环境的渐进型改善。

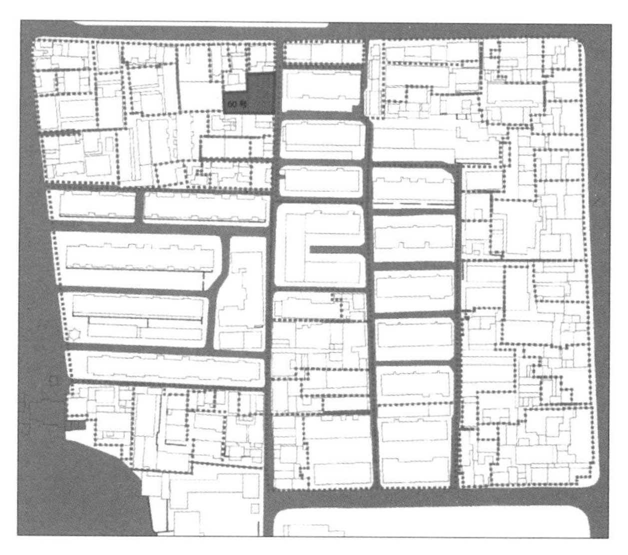

图 20　居住环境单元的提取（大马弄 60 号）

4）渐进型居住环境改善规划

（1）居住环境单元的抽出

根据调查结果抽取居住环境单元（图 21）。研究对象地区是一个高层住宅、多层住宅和高密度低层住宅等多种建筑形态并存的区域。高层住宅、多层住宅经过土地再开发，低层住宅区域是尚未开发的处女地。低层住宅区域与高层、多层住宅相比，单位空间居住环境恶劣，但在传统的住宅样式中通过中庭大家建立了良好的邻里关系。在保护传统社区的前提下，提取对居住环境进行物质层面改良的各因素作为居住环境单元。具体地讲，就是将住宅的入口、中庭、院墙位置、生活动线、建筑样式作为居住环境单元来反映。然后添置卫生设施，让低层住宅区域和充满在地市民传统风貌的市场有机相连并共存。

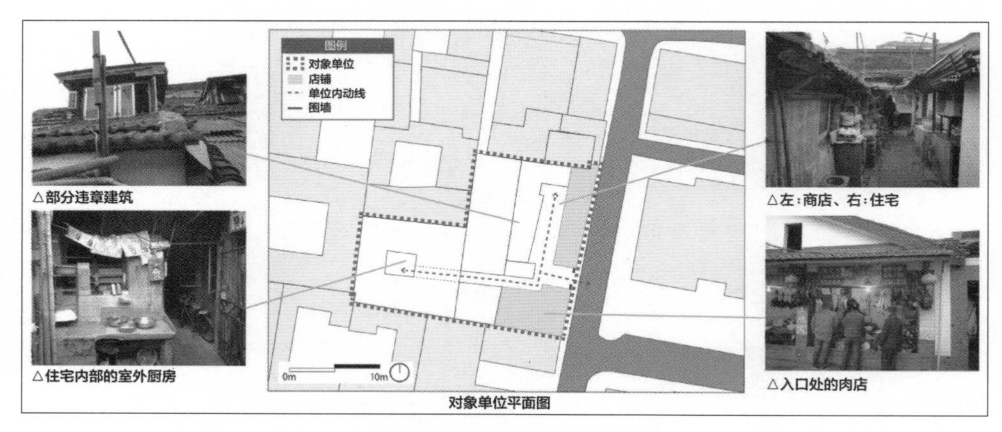

图 21　大马弄 60 号的现状

（2）基于示范单元的居住环境改善规划

以下是研究对象单元 60 号的规划方案，是以 2013 年 12 月日本团队的调查为基础制作形成的。在后面的章节我们会介绍在工作坊上要向居民们展示的规划方案。

a. 通过家畜类店铺的集约化和引入民宿设施来改善居住环境。

为保证建筑立面的连续性和确保集约化店铺面积，各相邻单元进行一体化改造。组织店铺协会，并以此为主体对容易产生卫生问题的生鲜食品店进行集约管理，改善环境卫生。在建筑高度限制区域通过提高容积率并实施小规模的住宅改建，确保居民的居住面积。剩余面积既可作为店铺经营者住宅来留住经营户，还可用来筹措经营资金。为形成良好社区，可以将几个社区空间连片整治。共用空间的运营管理委托给任意居民组织。目前政府和民间企业正在开发当地的历史旅游资源，但居民和居委会尚未参与其中。为此我们认为旅游资源开发应该涵盖住宅整治。

b. 老人福利设施的整备，开发空间的确保与居住环境的充实。

通过住宅和店铺的再建实现福利设施的整备。福利设施包括小型福利咨询站、社区食堂等。从制度上保证老年人可优先入住附带福利设施的住宅。社区食堂向辖区内有需要的居民提供餐饮服务。为形成良好社区，可以将几个社区空间连片整治。随着周边地域居住环境的改善，根据建筑物的规模和居民的需求，还可开展日间看护服务，建立社区托儿所。紫阳地区是杭州市老龄化程度较高的地区之一，面对不断增长的社区老年居民，可以考虑通过完善地域福利服务来提高地域全体生活水准。

上述规划方案，在进行住宅改建时处理产生居住用地外还要预留公共用地。这样在添加新的社区公共机能时，可以得到政府补助，还可减轻居民的建设资金负担。设置保留用地可增加居民长期租金收入，提高区域公共机能，创造更多的工作岗位。居民期望得到更多的住宅用地，这一立场无可厚非。但在展开共同改建项目时，为了紫阳地区长期发展和整体管理，公共机能的导入是很好的手段。为实现这一方法论，需要正确评价住宅质量的提升和内在价值，也需要政府拿出更多的奖励措施，如增加补助金、容积率缓和等。

5）小结

本文从日本研究团队的立场解说了紫阳地区研究调查的方法论、意义及规划方案，运用日本团队方法论所作的事前调查和工作坊成果会在后续章节作一解说。居住环境未得到改善，高密度低层住宅区域和充满在地市民传统气息的市场紧密相邻的紫阳地区要求我们摸索出一个统一的居住环境改善手法。我们通过与当地政府部门的协商探讨，在中日学生的共同努力下，运用现场工作坊，圆满完成了这次研究任务。

杭州市における自律的住環境改善のための研究の方法論とその意義

早稲田大学 創造理工学研究科 建築学専攻 博士生 張曉菲
早稲田大学 創造理工学研究科 建筑学専攻 修士 益子智之

本文は、これまで行ってきた杭州市での調査・研究について、日本チーム側の立場から各研究対象地区に関する研究の方法論とその意義について解説すると共に、調査結果を踏まえた各地区における住環境改善手法について解説するものである。杭州市での調査は、各研究対象地区の現状と課題、空間的特徴や担い手のあり方などを踏まえながら地域化した方法をもって行われている。統一した方法論を持ちつつも、各地区に対応した方法論を用いることで、現場に対応した住環境改善のあり方を検討している。

1. 望江街道地区についての計画案

1）望江地区の概況

望江街道地区はかつての城壁の外側に位置する農村であったが、1970年代から徐々に杭州市駅に近い立地として住宅需要が上昇し、一部が農地から都市住宅用地に用途変更され始めた。都市のスプロール化に飲み込まれ、「農村」という共同土地所有の形態を持ったままインフラの整備や住環境の改善が進まずに開発された地区である。周辺には再開発による高層マンションが立ち並び、望江地区は都市開発から取り残された「城中村（アーバンビレッジ）」、都市化に囲まれた農村と言われる。しかし、都市化する中で都市のエッジに作られた杭州駅に近接する望江地区はむしろ立地としては望ましいという状況に置かれた（図1）。

本研究は望江街道の一部を対象地区とする。対象地区の全体像を図2で示す。西側には貼沙河が流れ、東側には住宅団地がある。比較的西側に小規模建物が集積している。また、南北に通る道路沿いは、1階に商業テナントが入る住宅が多くみられる。対象地区内には、現地調査により集合住宅が56棟1，174戸、長屋が10棟159戸、簡屋が39戸あり、計1，372戸の住宅が立ち並び、商店は22店舗あることがわかった。

2）対象地域の抱える現状と課題

都市開発から取り残された「城中村」である望江地区での空間面と社会面の課題を明らかにするため、コミュニティに対するヒヤリング調査を行い、また、城中村という特殊事情から生じる空間を明らかにするため、悉皆調査し、分析を行った。

まず権利関係別にヒヤリング調査より、外部に居住する大家と、フローとしての住民である労働者、という関係がわかった。その中で、インフラ整備を行わず、居住面積も狭いながら中心部に近い安価な住宅の供給地としての役割を果たしていることがわかり、利益を最大化したい大家と、できるかぎり都心部で安く住みたい労働者の利害関係が一致しており、この大家と出稼ぎのニーズの一致（低価格 ・ 低品質）による更新の停滞によって現在の過密な住環境が保たれていることがわかった。この利害関係のもと、戸数を増やすために無秩序に増改築が行われ、私的領域を拡大するような複雑な建築形態が生まれてきた。増改築により建物同士が領域を超えて結び付いて合成された空間は縦方向と横方向でのつながっている複雑な建築形態が見られた。そこで、対象地区でこのような無秩序に合成された複雑な建築形態を「立体的なアーキタイプ」（図3）として定義、分析した。

3）段階的に住環境改善の提案

（1）モデルデザインエリアの抽出（図4）

これらの調査結果をもとに、複数の建築様式、「立体的なアーキタイプ」、生活様式を有するエリアを抽出し、モデルデザインである農村基盤高密居住地再生案を「安価な住宅供給地としての役割（開発時の受け皿住宅の確保）」「過密な中でのコミュニティ空間の担保」「住環境改善の担い手の特定（外部居住の大家など）」というキーワードから作成した。

（2）農村基盤高密居住地再生案の方針と内容

a.「安価な住宅供給地としての役割（開発時の受け皿住宅の確保）」: 都市を支える労働力としての意味もある出稼ぎ住み続けられるアフォーダブルな暮らしを継承すること

減築分に対応する住戸数を地域内で確保するために、社区や複数地権者の共同事業により受け皿住宅を確保する。また、建替え後の建物やオペンスペースの一部で出稼ぎの雇用を促進するための場所を作る。

b.「過密な中でのコミュニティ空間の担保」: アーバンビレッジという土地の文脈を活かし、農のある都市生活を取り戻す事で住環境の改善を図ること。

過度な増改築により劣悪な住環境の問題を抱えるエリアで川沿いの親水空間まで広がった増改築部分で減築を行い、コミュニティ空間とオープンスベースを確保する。そして、既存・新規のオープンスベースを緑地や農地として活用し、農とコミュニティが一体となった空間を再生する。

c.「住環境改善の担い手の特定（外部居住の大家など）」: 社区が中心となった組合のイメージで、それが住民と行政をつなぐ中間支援となり、行政と協働の体制で段階的に事業を進めること

事業の推進は基本的に社区が中心となる外部居住の大家と望江内部居住の出稼ぎ者の組合を形成し、権利者、住民と行政をつなぐ協働の住環境改善を支援する。そして、行政は土地や保留床の買上げ、産業創出に向けた事業費の補助などで地域の改善を支援する。

（3）段階的な住環境の再生のプロセス——モデルプロジェクトから望江地区全体へ

段階的に住環境再生するために、まず、望江地域全体に対してマスタープラン（図5）を策定し、また、アクションプランとして地域ガイドライン（図6）を作成した。住環境再生案をうまく推進するために最初はモデルプロジェクト（図7）を実践的に行い、民間改善班、居民委員会など組織を主に住民参加を促進し、地域の住民と地元政府と民間事業者の間で協議の場をつくり、協働の体制を構築することを期待する。その後、全体エリアでガイドラインに基づく自主改善が連鎖することで、住み続けながら地域再生（図8、図9）を展開されていくことが可能である。

2. 湖浜街道地区についての計画案

1）湖浜地区の位置づけと概況

2013年9月に杭州市の西湖に隣接した「湖浜地区」内の2つ街区について、調査・提案を行った。対象地域である湖浜地区は、南宋時代の首都であった杭州市の城壁内エリアとして、歴代王朝

の宮殿跡地の上で発展してきた。1911 年の辛亥革命後、清王朝を象徴するものとして破壊された旧満営（内部城壁に囲まれた部分）の跡地に、城壁を撤去し西湖の美を取り込んだ新たな地区を計画することは 1914 年に策定された「新市場計画」である。「新市場計画」に基づくスーパーブロック型の開発であり、この開発後、「杭州市の商業地は、旧来の御道沿いから西湖寄りの当該地区へと移動することとなった」（さんこうぶんせん [1]）という経緯がある。その結果、湖浜地区は現代においても都市内での中心性を保ち、計画的にも杭州市の商業業務エリアになる方針があり（図 10、図 11）、研究対象街区の隣接街区には高級ホテルや商業施設などが存在し、政府主導型の観光・商業の目的の開発圧力によって、低所得の居住者が地価高騰による環境の変化により住み続けにくくなり、いわゆる「ジェントリフィケーション」が起きている地区だと言える。

研究対象地区は湖浜地区におけるスーパーブロック型の開発に取り囲まれた中で旧来型の密集した住まいが残存した、アーバンポケットとも言うべき地区である。世界遺産である西湖は多くの観光客を惹きつけ、そのため街区の外側一枚は観光客用の用途に変化し、それがじわじわと街区内部へと影響を与えている。また、観光と居住、高級化と旧来型の住まい、という二項対立的価値観の併存が見られる地区である。よって、研究対象地区の従来の居住環境を変質させつつあるという状況において、住民が住み続けるために、既存のコミュニティと居住実態を考慮しながら、新たな居住環境の改善手法と担い手のあり方を考える必要がある。

2）対象地域の抱える課題

「開発の中のアーバンポケットとして、高級化と旧来型の住まいという実態を併存している街区」である湖浜地区について、ヒヤリングと空間調査を核とした調査を行った。建築用途、建築様式、外部空間、塀や壁などを内容とし、詳しい空間調査とコミュニティ、住民へのヒヤリング調査、アクティビティ調査（観光と生活動線、溢れ出し）などを行ってきた。本地区では、西湖に近接した立地であることから、調査期間中にも徐々に街区の外側から商業化が進行していった。一方で内部には歴史的建造物が残存し、屋台や安価な食料品など、そこに住む人々への生活サービスも内部で提供され続けている。結果としては、それほど人々は圧力を感じているということはなかったが、客観的に土地利用の実態調査を行うと、着実に変化圧力は高まってきていることがわかった。

３）段階的に住環境改善の提案

（1）ユニットの抽出について

多様な建築タイプと観光・生活・商業の様態が存在している本地区は提案する際に、「コミュニティの共存」「観光・商業と居住の共存」という価値観に基づいて、細かく住環境ユニットを抽出して提案を行った。今回のユニットとは複数の建物の間で共通の動線や共有スペースがあり、共通の課題や可能性を持っている空間の組合であるということである。対象街区の中で、建築タイプ、塀と動線などを要素とし、観光圧力と開発圧力を受けている居住環境の現状について細かいユニットをAからZまでに分けて提案した（図12、図13）。

（2）住環境改善の提案

本地区においては「コミュニティの共存」「観光・商業と居住の共存」としての多様な建築タイプや生活サービスと一体化した路地空間の保全という提案を作成した。現状を踏まえて提案されたユニットの計画案について以下に詳細に説明する。

a. ユニットD，E，F，Gの計画（図14）:

ユニットD，E，F，Gは東側に西湖に隣接し観光向けの店舗である商業化が顕著に現れており、居住エリアへの開発圧力が高いエリアである。具体的にDE地区には使用者がおらず保存状態の悪い歴史ある建築が残されており、FG地区では歴史建築で住商が併存している状態にある。

a）DE地区の現状として、周辺からの開発圧力や歴史ある建築の維持管理がなされていないこと、東側道路沿いの閉鎖的なファサードがあげられます。ヒヤリング調査やアクティビティ調査によって、このエリアには三世帯の住民しかいないことがわかった。これの調査結果からDE地区では、三つの計画方針を定めた。一つは、歴史建築を保全し、住機能は設けず業務地化・商業化させる。これによる、道路沿いの壁や閉じたファサードを活かして東側の居住エリアへの開発の波及を防ぐことができる。後将来的には、ABCDE地区全体での観光客の導線計画を行い、歴史建築を有する地区一帯の商業化を目指する。具体的な計画内容は歴史建築の改修、共同駐車場の設置、観光客周遊の導線計画である。

計画のスキームとしては、建物の所有権を持つ杭州市が、歴史建築の保全・改修をベースに観光客向けや商業の受け入れと資金援助を行う。また、建物から退去する既存住民に対しては、杭州市により居住場所の確保や家賃の部分補助を支援することを考える。

b）ユニットF，Gでは地区内でも西側寄りに観光客導線、東側寄りに住民導線が存在している。また、住商が併存しており観光店舗が路地空間を利用し、豊富な住民のアクティビティがみられ、観光客向けと住民向けの商店が存在している。このような現状から計画エリアを抽出した。湖浜地区事務所、住商の併存実態が異なるエリア1・3で、エリア毎に計画方針を定めた。

これらの現状を踏まえ計画方針以下に述べる。既存の湖浜地区事務所を活用し、住民と商業者のための施設を設ける。エリア1でアクティビティのみられる路地空間を継承し、エリア2でFG地区共同の公共施設を補完し、エリア3でエリア内の動線の不足や他エリアとのコミュニティが欠如している課題から、エリア内のコミュニティスペースを計画し動線計画によるFG地区全体でのコミュニティを形成できると考える。また、西側道路沿いでは、路地空間への溢れ出しにより衛生環境の悪化しており、レストランの水場や台所を建物内部への取り込みを行うことで従業員と住民の動線を分離すること。このようなエリア分けから本計画では湖浜地区事務所、公共浴場の計画と動線の改善、西側道路沿いの環境改善を行う。

計画のスキームとしては、事業を円滑に進められるように行政の指導で、住民と事業者でまちづくり会社・商業委員会等を組織し、店舗に対する規定を明確に定め事業を主体的に行うこと。また、市の下部組織である湖浜地区委員会は住民・商業者の直接の相談窓口ともなり、トラブル対応や意見相談、まちづくり会社の管理運営を反映させると考える。

b. ユニットI，J，K，Uの計画（図15）:

ユニットI，J，K，Uは周辺街区に道路沿いの商業開発が進んで、街区内部に住民向け店舗による賑わいが見られる。多くの出稼ぎ労働者が居住している増築が十分な衛生設備が各戸に整備されていなく住宅の老朽化が進んでいる課題が存在している。

これらの現状を踏まえ、学生たちが主に二つ提案をあげた。一つは、東坂路と長生路沿いの商業化すること。周辺地域の開発や観光地化は街区内部への流入が見られ、対象ユニットは周囲に観光向けの店舗が建ち並んだ、商業的価値の高い地域であるとも言える。そのために周辺地域と連動した開発を行い、地区内への開発圧力を抑制する連動開発計画を提案した。連動開発建物は一階部分で商店機能を入れ、2階以上の用途はオフィス、住宅とする。また、商業地と住宅地の間に空地を設け、両者を柔らかに繋ぐバッファーとする。第二は、老朽化住宅の改善と公営住宅建設すること。地区内に低家賃で労働者が生活できるような公営住宅は一階部分で住民向けの店舗を設置し、出稼ぎ労働者の働きの場と地域住民の利便性を得ると考える。2階以上は公営住宅だが、出稼ぎ者や低収入家族たちは家賃を選択できるように、一室400元~700元ぐらいで、台所浴室と便所が共有の部屋と、部屋内に私有に設置するという2種類設計した。また、オペンスペースで地域内の出稼ぎ労働者と既存住民の間にコミュニティを生み、地域の治安を良好になるために、敷地の間で一定の共有空間を確保することは必要だ。

計画のスケームだが、複雑な権利関係の生じる街区の住環境改善を段階的に行うと考える。地域の団体によるまちづくり会社を作り、彼らが一時的に土地を取り上げ、改めて元住民へ再分配をする。再分配後は街路側の部分を高級、高層化し、保留床処分で他の部分の住環境改善を行うと考えた。

c. ユニットL，P，Qとユニット V，W の計画(図16、図17):

ユニットL，P，Qは歴史的建築が存在しているが、維持・管理されていなく、日常なアクティビティが少ないという課題が現れている。また、安易な飲食店が街区内部で賑わいがあり、居住と商業のバランスがうまく取っていないと言えるが、飲食店を媒介とした新たなコミュニティが形成する可能性ができると考える。この現状と可能性を踏まえて、空間・用途ともに地域に開くことで、自律的に歴史的建築のマネジメントとコミュニティの場づくりという方針が提出された。

ユニット V，W は出稼ぎ労働者による飲食店舗が存在し、飲食店舗沿道に外来のアクティビティが多いが、生活設備の不足で、住環境・衛生環境が悪いエリアである。これを踏まえて小規模飲食店の維持管理と住環境の改善の両立することを考え、生活に密着した飲食店を媒介としたコミュニティを改善する計画を提案した。

4) まとめ

西湖に近隣しており、高級な再開発が進行している湖浜研究対象地区は開発と観光圧力が高い居住地として、ジェントリフィケーションが発生しているとも言える。開発ポテンシャルが高いエリアが、従来の行政・民間会社主導による資金面や権利関係などの開発の限界が生じることがわかった。そこで、住民が主体的に地域の住環境を改善していける仕組みという第三の方法論へ転換することは必要だと考える。住民たちが住み続けられるためにユニット分けて小規模な住環境改善というコンセプトに基づき、本地区においては「コミュニティの共存」「観光・商業と居住の共存」としての多様な建築タイプや生活サービスと一体化した路地空間の保全という学生提案をユニットごとに作成した。

ユニットに分けて計画するのは開発の規模を縮小させ、小さな単位で合意を取っていく組織基盤を形成しやすく、住環境改善の合意を順調に形成できるというメリットがある。ユニットを開発単位としたモデル事業を先に推進し、順調にした後、他のエリアへ事業を波及するという段階的に住環境改善を進行していくプロセスを提案した。最初のモデル事業は一定の補助金と容積率の緩和などのインセンティブが必要であり、特に住環境を向上するために開発後の一定の保留床を確保することである。モデル事業で生まれた保留床は次の事業で受け皿面積として利用させ、次の事業の展開につなげるようになることを考える。

以上の事業を実現するために、住民、政府、民間会社などの多主体参加できるような体制をつくり、地域内部の組織（例えば、街道や民間改善班、居民委員会など）に基づいた協働な「まちづくり会社」を主体となり、住民の合意を取った上で、多様な空間と生活像が段階的に実現していく計画スキームは基本である。このような協働体制下の住環境改善は従来の住民を移転させなく、既存のコミュニティも継続しながら、住民の立ち退き資金を避けられ、その「まちづくり会社」が第三組織として開発資金も協働で集めさせるという利点がある。また、開発の母体となったときに個人ではなく組織に対して政府の補助金を出すけど、公共的な機能を持たせる場合は補助金を増やすというやり方は制度の面で成立できれば、住環境の改善事業の起動をインセンティブできるようになると考える。また、前述した開発で生まれた保留床の権利と分配はその第三組織を通じで決定すると合意形成しやすいと考える。つまり、その第三組織は単純に建物権利を持つだけではなく、保留床の継続的な運営やマネジメントすることもできるような機能も期待する。このような協働体制下の事業を通じて、住民に対して既存のコミュニティが維持しながら住環境を改善させ、多様なライフスタイルが実現させることは可能である。

3. 紫陽地区における研究の方法論とその意義

1）紫陽地区の概要

紫陽地区は、南宋時代の城壁内に位置し保護地区に指定されている。庶民の憩いの場所である小高い丘や日常生活には欠かせない市場など、庶民的生活様式が色濃く残る下町である。近年、政府主導による観光整備が進められ、老朽化した建築物の修繕、公共空間や歩行空間の整備が行われている。また住環境未改善地区を政府主導で修繕を行い、民間会社に宿泊施設の運営・管理を委託し、地区経済の活性化や雇用創出を行う事業も計画されている。公共空間整備が進む一方で、複雑な権利関係や急激な地価の高騰、衛生設備の未整備など様々な要因によって住環境改善が行われていない地区が、紫陽地区には点在している（図18）。

2）紫陽地区における研究背景と研究の方法論

紫陽地区における調査・研究は、2013年12月と2014年3月の二回に分けて行われた。2013年12月には、社区担当者との街歩きや社区担当者と浙江大学、居民委員会、日本の研究チームでの話し合いを通して、紫陽地区の住環境の実態や行政側の整備計画の把握、これまでの研究に関する意見交換を行った。行政側の意向や居住者・権利者の現状、ワークショップの開催、住環境整備の実現性を踏まえ、具体的な調査・研究対象地区を60号とその周辺街区とした。その後60号に焦点を置いて調査を行い、2014年3月の調査・研究のための分析と計画案の作成を行った。

2014年3月には、日本チームが行った調査結果と計画案をベースとして、浙江大学の学生と共に追加調査を行った（図19）。シャレットを通してより詳細な住環境実態の把握、分析を行い計画案の作成を行った。現地学生と共に調査・分析・計画案の作成を行うことによって、より地域化した方法論を持って行うことができたと考えられる。

3）対象地区の現状と課題

下町の様相の残る紫陽地区において、対象ユニット（60号）に特に焦点を置き、ユニットとその周辺に対してヒアリング調査と空間調査を行った（図20）。ヒアリング調査では、対象ユニットの全住民や周辺住民、市場店舗労働者や経営者を対象として、対象者基礎的情報や居住環境とコミュニティに関して調査を行った。空間調査では、対象ユニットの物的空間の調査、市場店舗と周辺店舗の業種や周辺地区の主要動線について調査を行った。住宅と市場が隣接しており利便性が高い地区であるが、汚水や異臭などの衛生問題が生じている。物的な居住空間としては、十分な通風や採光が確保されておらず、通路や中庭の共用空間に炊事場などが設置されている。住民には長年住まう高齢者が多いが、生活サポートを受けられる福祉・医療施設が不足している。対象ユニット内のコミュニティは、土地所有形態の不明瞭などの要因によって健全であるとは言い難い現状であるが、地区全体で捉えると広場や寺院などコミュニティ活動を行える空間が存在しており、下町風情ある良好なコミュニティが形成されている。近年政府によって観光的整備が進められているものの、住環境整備は外壁の街並み整備にとどまっており、高密度な住宅内部への改善は行われていない。地区住民や商店主の地区に対する帰属意識は高く、このような良好なコミュニティを維持し住環境整備を進めていくためには、住環境ユニットに基づきながら段階的に改善を進めていくことが求められている。

4）段階的な住環境改善計画

（1）住環境ユニットの抽出について

調査結果をもとに住環境ユニットの抽出を行った（図21）。研究対象地区には、再開発によって整備された高層住宅地区、再開発が行われているものの中層住宅が整備されている地区、高密度な低層住宅地区が存在しており、低層住宅地区は開発から取り残されたと考えられる。この低層住宅地区は、中・高層住宅地区に比べて住宅単位の空間的住環境は劣悪であるものの、昔ながらの住宅様式や中庭を通して長い間培われてきたコミュニティが存在している。この古くからのコミュニティを解体することなく、居住環境の物的改善を行える単位を住環境ユニットとして抽出した。具体的には、住宅への入り口や中庭、壁の位置、生活動線、建物様式を住環境ユニットに反映した。また、この低層住宅地区は下町の様相を残す市場通りとも隣接しており、衛生設備を整えることで共存を可能とする必要がある。

（2）モデルユニットにおける住環境改善計画

抽出した住環境ユニットに基づいた、研究対象ユニット 60 号の計画案について示す。なお、この計画案は 2013 年 12 月の日本チームの調査をもとに作成した計画案であり、シャレットを通してワークショップで住民へのプレゼンテーションに用いた計画案は、後の章で示す。

a. 家畜店舗の集約化と宿泊施設の挿入による住環境の改善。

ファサードの連続性と集約する店舗面積確保のため隣接単位と一体的に改修を行う。市場店舗によって組織された店舗組合が主体となり、衛生上問題のある生鮮食料品店を集約することで、衛生環境の改善を行う。高さ規制の範囲内で容積率を上げた小規模建て替えを実施することで、住民の居住面積を確保する。また、余剰床を店舗経営者の受け皿住宅として活用することで店舗経営者の住戸を確保するとともに事業資金を捻出する。良好なコミュニティ形成を促す空間を、いくつかのスケールに合わせて整備する。共用空間の管理運営は住民の任意組織が行う。現在地元行政と民間会社によって歴史資源を用いた観光的整備が進められているが、住民や居民委員会は関与していないのが現状である。そのため住宅整備も含めた観光拠点の整備が必要であり、今後検討していく必要がある。

b. 高齢者福祉機能の整備とオープンスペース確保による住環境の充実。

住居と店舗の再建に合わせて福祉施設の整備を行う。福祉施設では小規模な福祉相談所を設け、食事提供などの生活サポートを行う。福祉施設に併設する住宅には、支援の必要な高齢者が優先して入居できるようにする。共同食堂では、支援が必要な住民や地域住民に食事を提供する。良好なコミュニティ形成を促す空間を、いくつかのスケールに合わせて整備する。周辺地域において住環境改善が展開される際には、建物の規模と周辺ニーズにより、デイケアセンターや託児所なども合わせて建設していく。紫陽地区は杭州市の中でも高齢化率が高く、今後も増える高齢者に対応するために、地域福祉の拠点を整備することは地域全体の生活の向上につながると考えられる。

上記の計画案では、共同建て替えを行う際に住居床以外に、公共床を設けている。公共機能を新たに加えることによって行政から補助を受けることができ、建設費の住民負担を軽減することができる。さらに居住者は、保留床を設けることによる長期的な家賃収入を得ることができ、また地区内の公共機能の向上を行えるだけでなく、地域の雇用創出にもつながる。居住者の立場からするとより多くの住居床を確保したくなるところだが、共同建て替え事業を行い、さらに中・長期的に紫陽地区全体をマネジメントしていくためには、公共機能の挿入が一つの方法になりうると考える。この方法論を実現するためには、住宅価値を質的に向上させることが正当に評価されるべきであり、行政による補助金の割増しや容積率の緩和などのインセンティブを新たに設けることも求められる。

5）まとめ

以上本文では、日本チーム側の立場から紫陽地区における研究の方法論とその意義、それに基づく計画案について解説した。あくまで日本チームの方法論を用いて行った事前調査であり、住民を交えて行ったワークショップの成果は、後の章で解説される。紫陽地区では、住環境未整備の高密度な低層住宅と下町文化の残る市場が隣接しており、これらを統合的に改善する住環境改善手法が求められている。地元行政との事前の打ち合わせや現地学生と共に調査を行ったことにより、実態の解明や現実的な計画案の作成を行うことができ、より現場に対応した研究・調査・提案を行えたと考える。

さんこうぶんせん：

[1] 傅舒蘭、永瀬節治「近代の杭州における湖浜地区計画に関する研究」日本都市計画学会 都市計画論文集 vol.46 No.3（2011）pp.709-714

[2] 益子智之、菊地原雄馬、張曉菲、内田奈芳美、趙城埼、佐藤滋「杭州市中心部・湖浜地区におけるジェントリフィケーションと自律的居住環境の変質実態に関する研究：杭州市の都市変容と住環境改善段階に関する研究」（3），2014 年度日本建築学会大会

＜湖浜地区研究メンバー＞

早稲田大学益子智之、張曉菲、川副育大、関谷有莉、小林真大、田邊真由子 / 東京工業大学菊地原雄馬、加納亮介、吉田真希 / 金沢工業大学 竹橋悠、井上夏菜 / 内田奈芳美、趙城埼、佐藤滋

＜謝辞　調査協力＞

浙江大学 華教授・黄研究員（肩書きは調査当時）

场地分析

Site Analysis

环境景观现状（三个视点全景图分析）

Present situation of the landscape（Three viewpoints panorama analysis）

鼓楼视点（北望南）
Drum tower view（north to the south）

城隍阁视点（南望北）
Chen Huang Ge view（south of the north）

江湖汇观亭视点（南望北）
River's lake Hui Guan Ting view（south to the north）

主要展现了“山—城”的环境景观关系，从吴山的鼓楼视点南眺，近景为望仙阁和中山南路，中景为十五奎巷多层建筑，远景为吴山和凤凰山。

It mainly shows the landscape relationship between mountain and city. Looking out to south at drum-tower in Wu mountai, the nearby view are Wangxiange and Southern Zhongshan Road, the medium view are the apartment buildings in Shiwukui lane, the distant view are Wu and Phoenix Mountains.

主要展现了“山—城—湖”的环境关系，从吴山的城隍阁视点北眺，近景为吴山广场，中景为延安路和 清波地区的多层住宅，远景为西湖景观和老城北部景观。

It mainly shows the landscape relationship among mountains, city and West Lake. Looking out to north at Chenhuang pavilion in Wu mountain, the nearby view is Wushan square, the medium view are Yan'an Road and the apartment buildings in Qingbo district, the distant view are West Lake and the north part of old Hangzhou city.

主要展现了“山—城—湖”的环境景观关系，从江湖的汇观亭视点北眺，近景为南宋二十三坊，中景为 吴山和城隍阁，远景为西湖景观和老城北部景观。

It mainly shows the landscape relationship among mountains, city and West Lake.Looking out to north in Jianghuhuiguan pavilion, the nearby view is twenty-three neighbourhood formed in the Southern Song Dynasty, the medium view are Wu mountain and Chenghuang pavilion, the distant view are West Lake and the north part of old Hangzhou city.

自然风景

The natural scenery

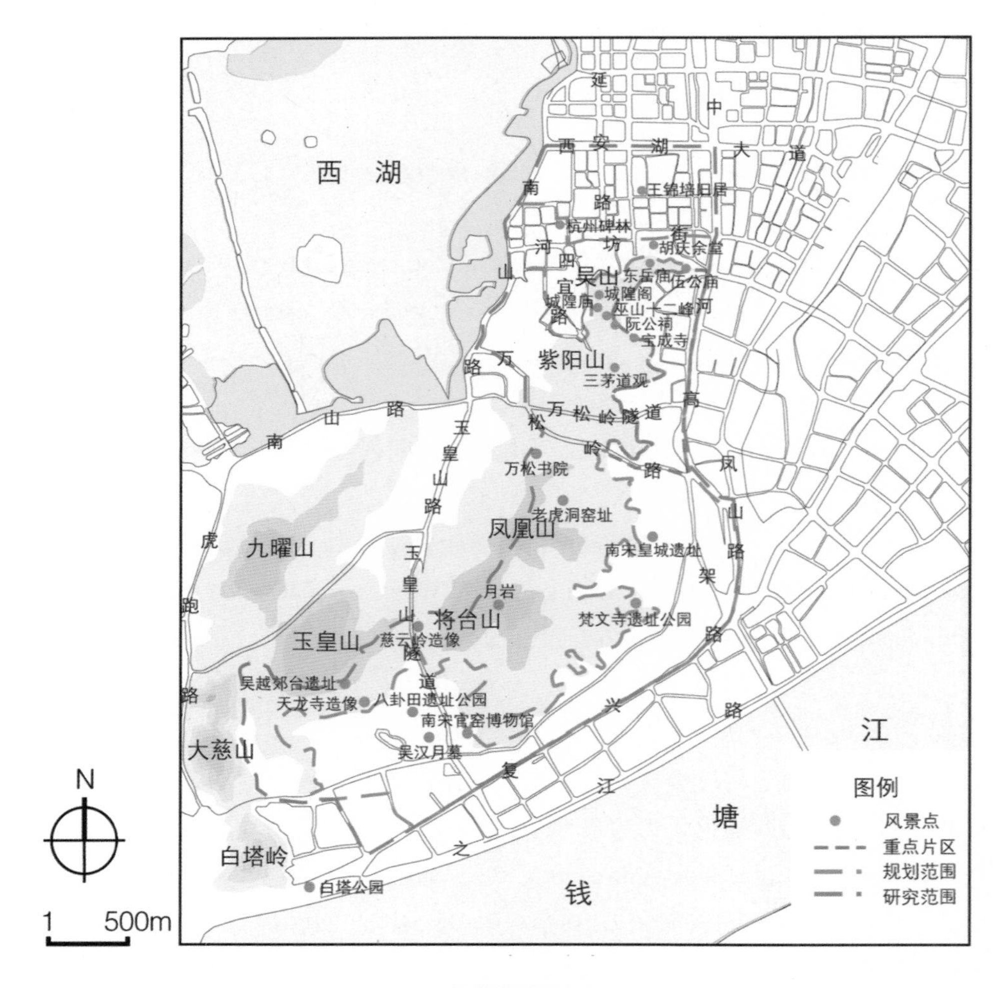

风景资源分布图

The map of landscape resources distribution

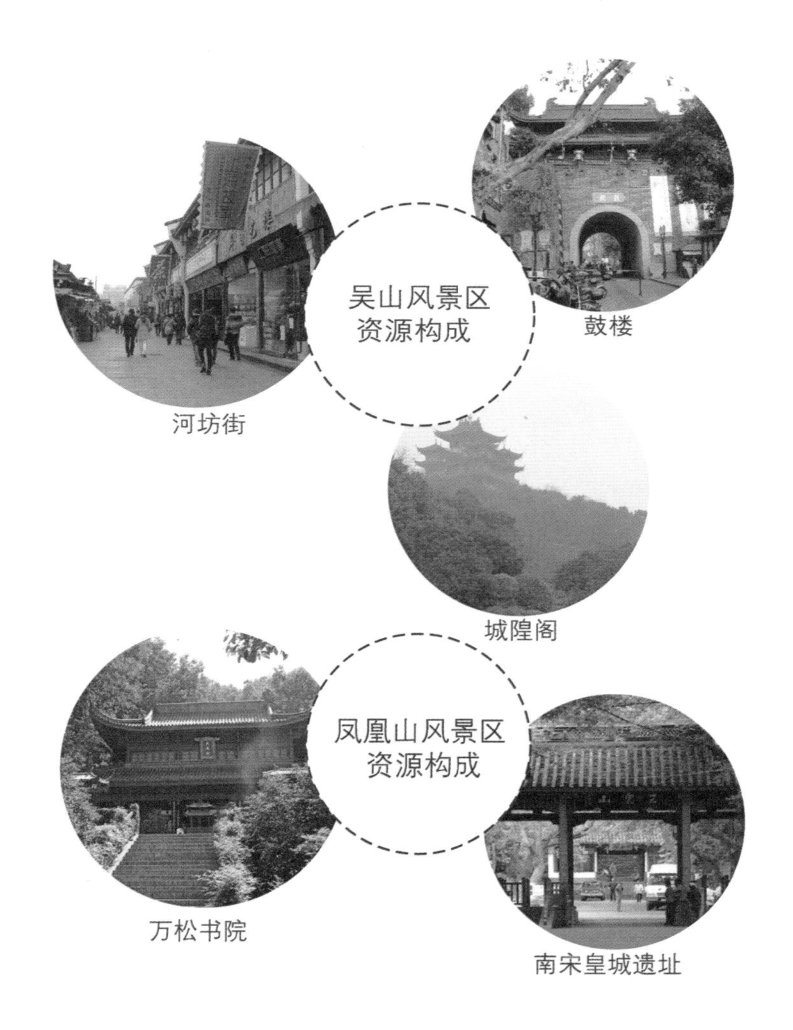

风景资源对场地的影响分析：游人较多，旅游接待能力（特别是民宿接待能力）较为不足；为保护现有的风景资源，场 地内的改建限制较多。

The analysis of landscape resources' influence on site : the ability of accommodation is not enough for the increasing numbers of visitors; There are many limitations about rebuilding in order to protect the landscape resources.

历史文化

History & Culture

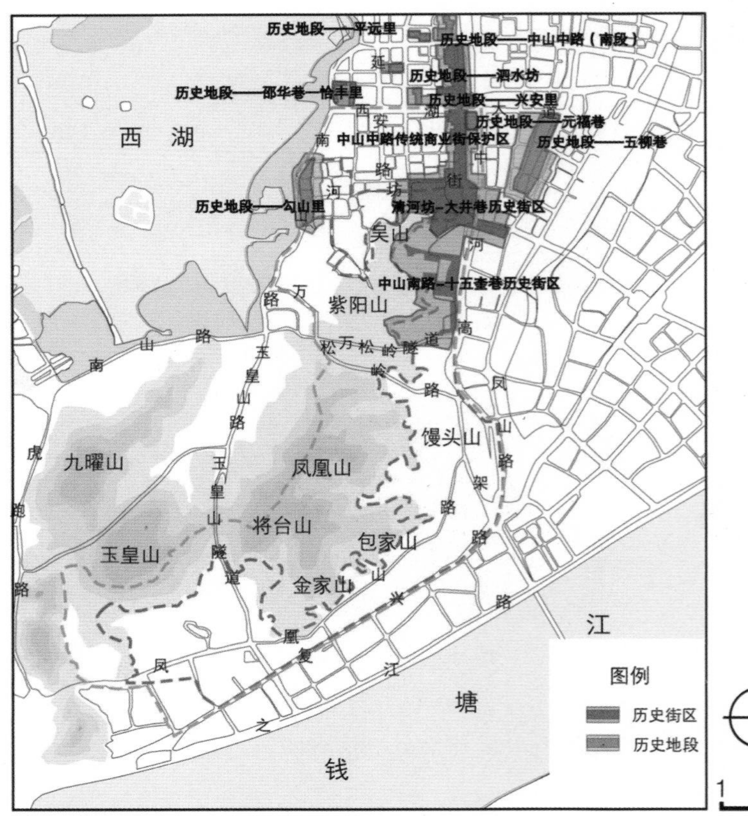

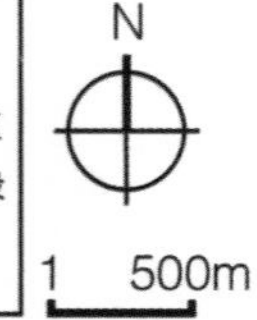

历史街区历史地段分布图

The map of Historical districts

分析：

场地所在区域即为中山南路—十五奎巷历史街区，此外周边尚有清河坊—大井巷历史街区、勾山里历史地段。

Analysis : The site is situated in the southern Zhongshan road and Shiwukui historical district, and surrounded by Qinghe-Dajing and other historical districts.

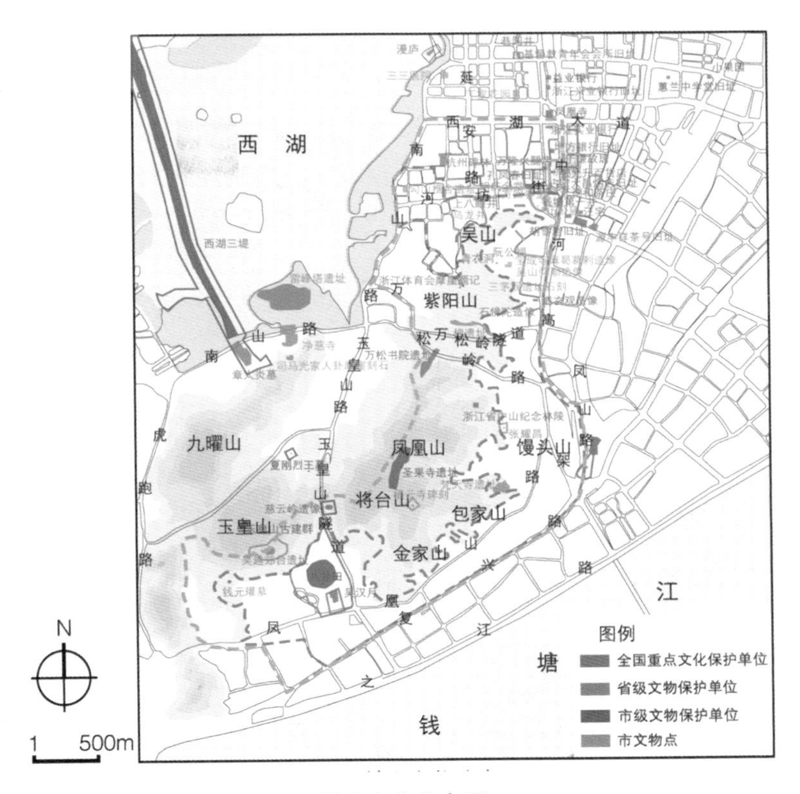

地上文物分布图

The map of above-ground cultural relics distribution

分析：场地所在区域，是杭州市上城区文保单位、历史街区、历史街巷留存最好的区域，同时地下也埋藏着很多文物。

周边现有文保单位约 25 处，其中全国重点文保单位 5 处，省级文保单位 7 处，市级文保单位 13 处。

Analysis: The site is situated on the historical area which has been best-conserved and these are many underground cultural relics.

There are 5 national Key Cultural Relic Units, 7 provincial Key Cultural Relic Units under State Protections, 13 the city key units around the site.

规划与土地利用现状

Planning and Land Use Condition

西湖（世界遗产）、运河（世界遗产）、宋临安城遗址（中国大遗址）的存在决定了场地地理位置十分珍贵而敏感。城市规划管理上，涉及小营紫阳单元和吴山景区单元。从土地利用规划上看（右图），大马弄及周边500m范围内用地基本为二类居住用地（R21）、商住兼

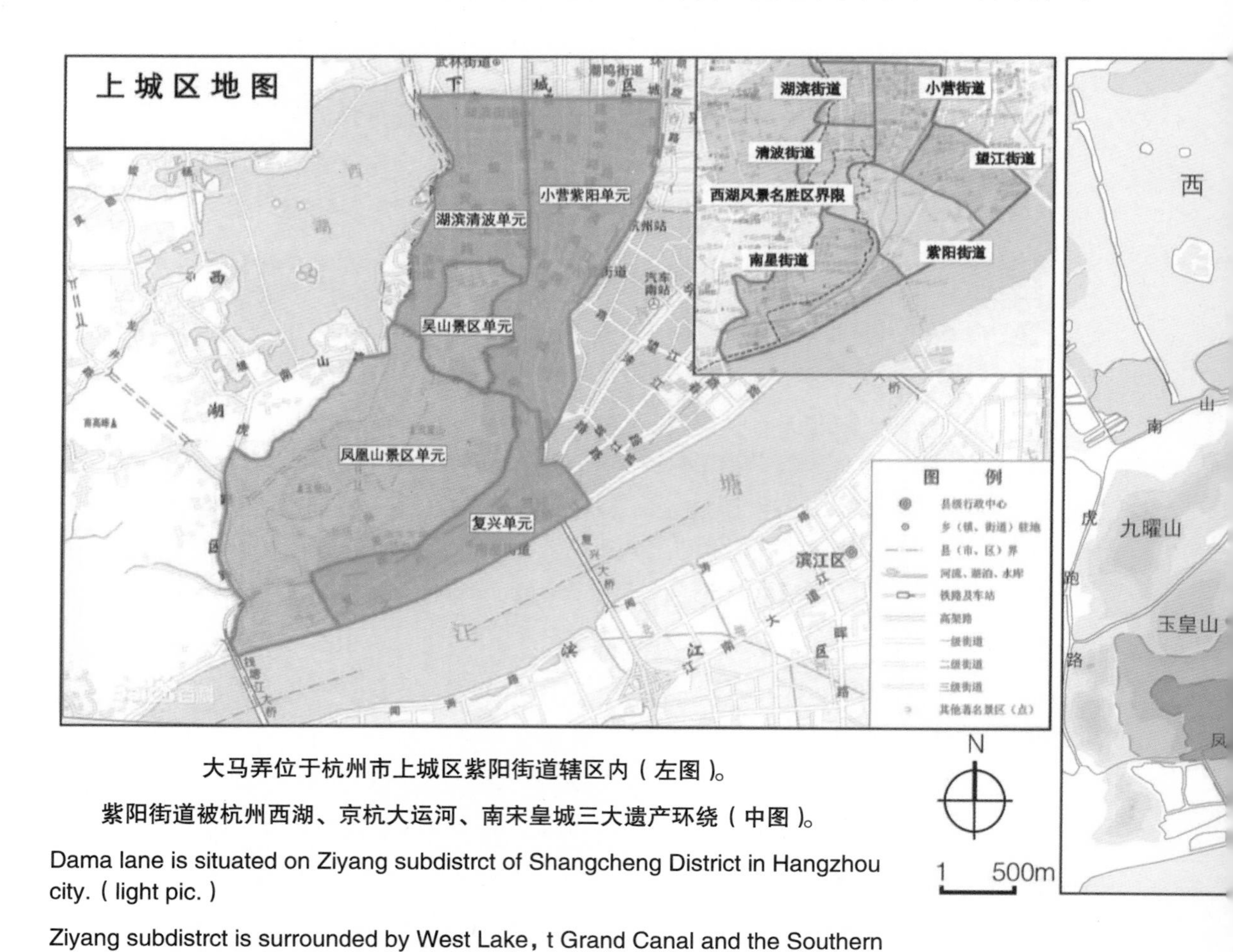

大马弄位于杭州市上城区紫阳街道辖区内（左图）。

紫阳街道被杭州西湖、京杭大运河、南宋皇城三大遗产环绕（中图）。

Dama lane is situated on Ziyang subdistrct of Shangcheng District in Hangzhou city.（light pic.）

Ziyang subdistrct is surrounded by West Lake，t Grand Canal and the Southern Song imperial city.（mid pic.）

容用地（C/R）、公共设施用地（C、C36、C26、C7）和公共绿地（G11）。

West Lake and Grand Canal as world heritages and Lin'an City ruins in Song dynasty. It belongs to Xiaoying and Wushan planning

lane and 500 meters around area are secondary resident(R21), resident and commerce mixed(C/R), public facility (C, C36, C26, C7)

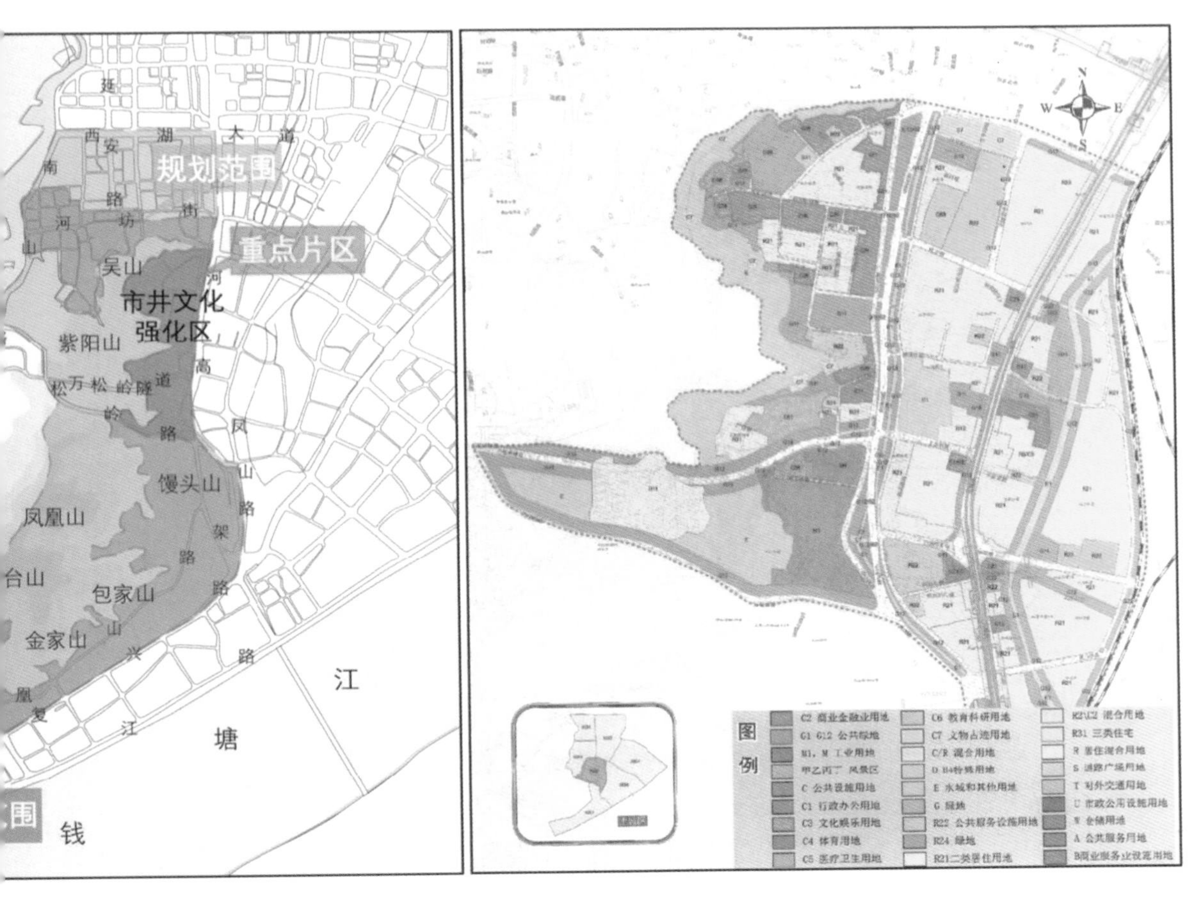

规划范围层次图
The map of planning scope

SC05 紫阳单元规划汇总图
The planning of Ziyang Subdistrict

产业与经济

Industry and Economy

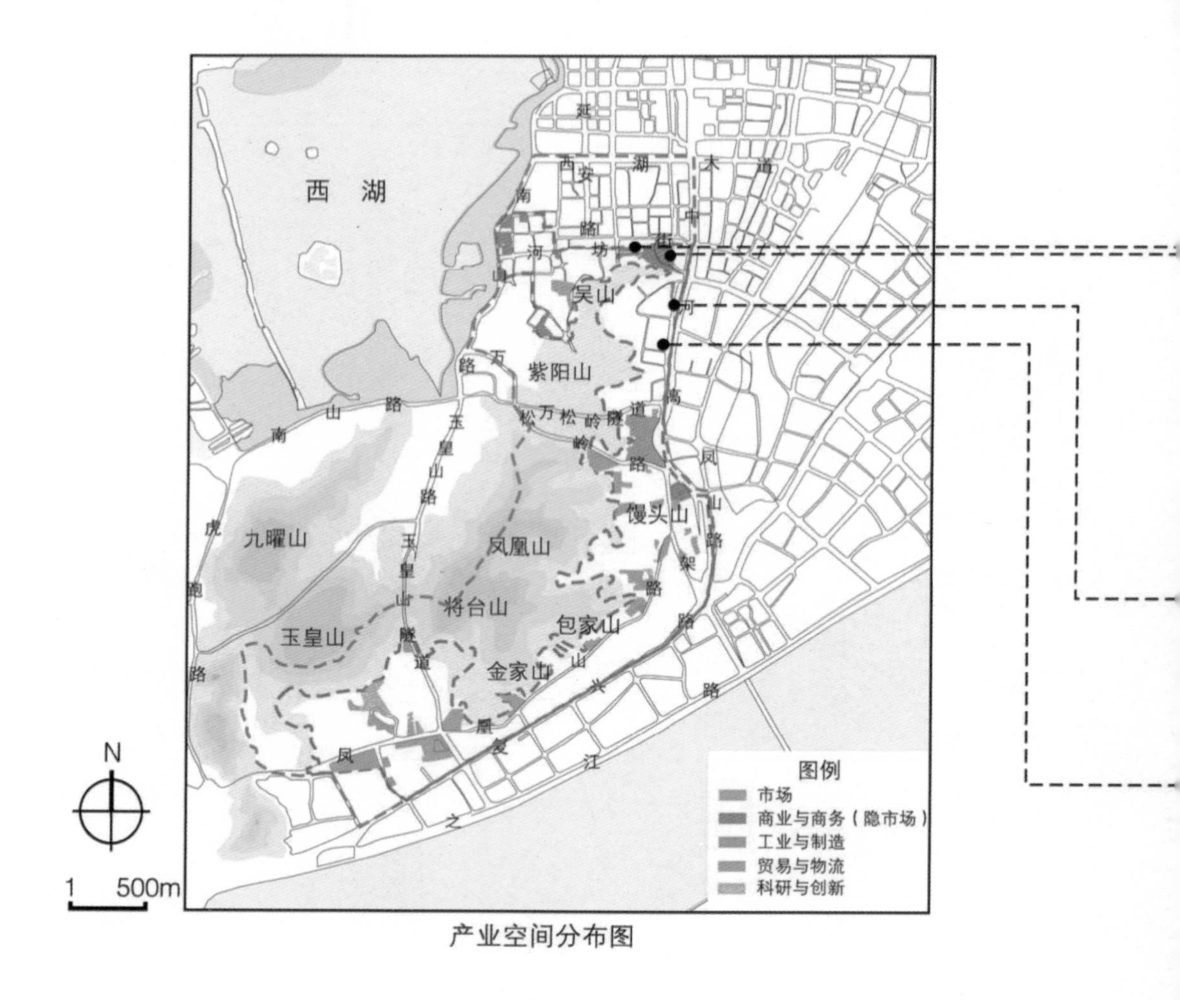

产业空间分布图

The map of industrial spatial distribution

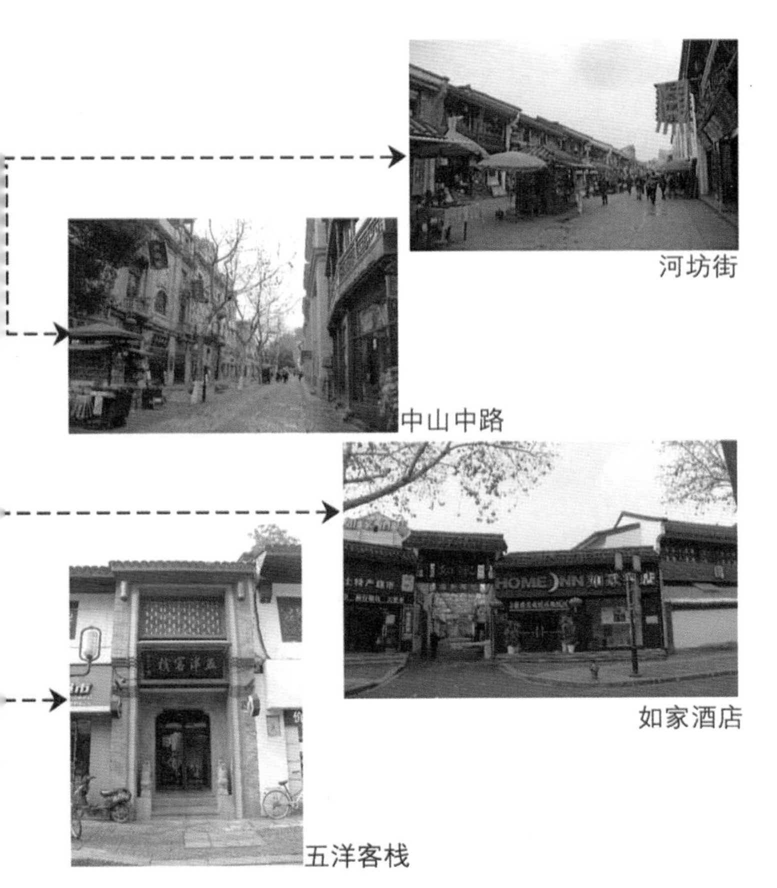

河坊街

中山中路

如家酒店

五洋客栈

场地及周边 500m 范围内已无工业用地。现有产业以商业街为主，从服务对象来看可以分为服务周边居民为主、服务游客为主两类，质量参差不齐。部分历史建筑在政府的引导下，正在有序地转型为旅游服务型民宿，但分布零散。总的来说，与旅游相关的配套设施还不完善。

There has no industrial land in 500 meters range. Shopping arcade is the main industry form. It provides a service to residents and visitors. Some historic buildings are transforming into B&B hotel guided by local government. The tour infrastructure is not enough.

社区与居民

Community & Residents

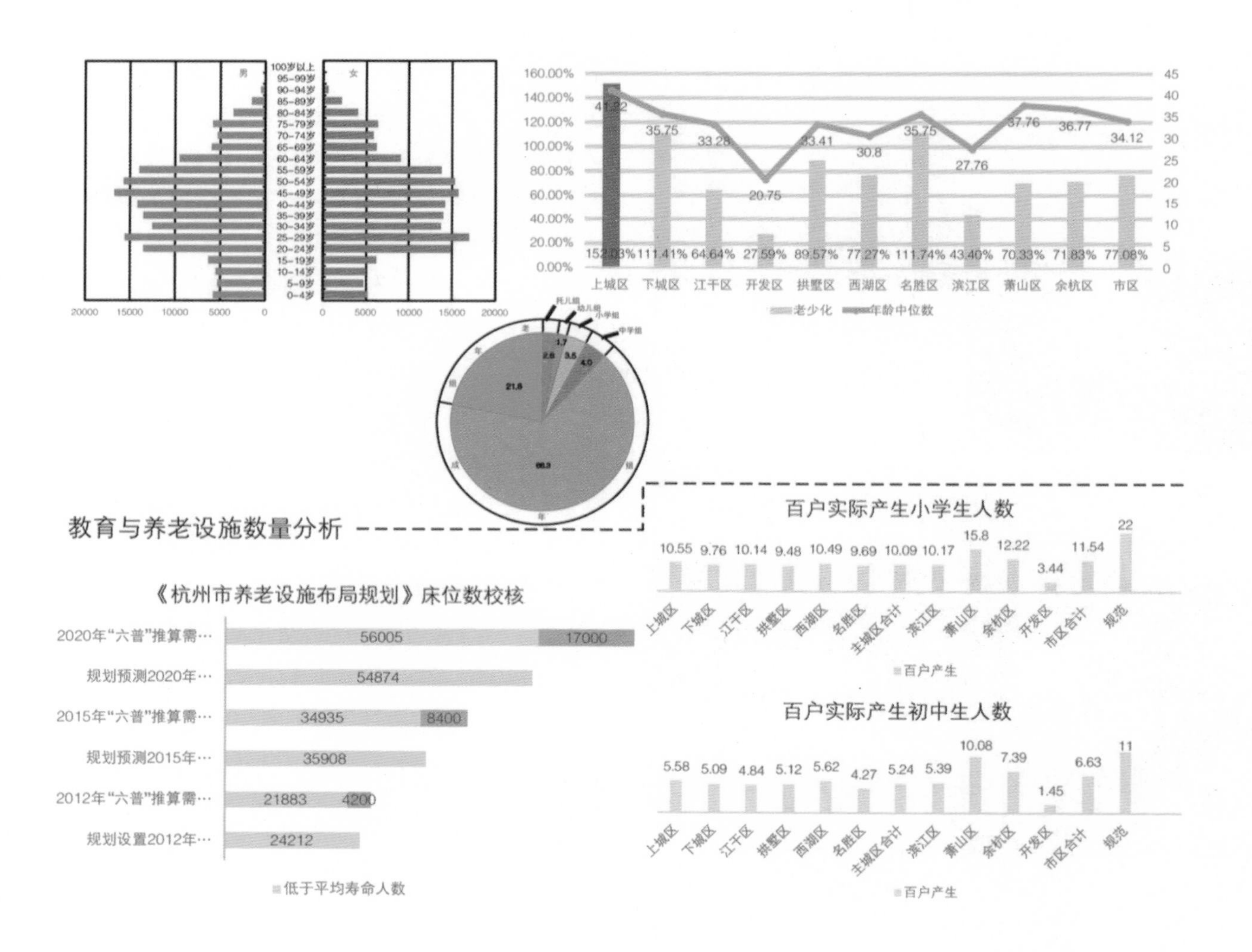

场地所在十五奎巷社区常住人口约 5447 人，人口密度 4.7 万人／km^2。

The population of permanent residence is nearly 5447 in Shiwukui lane, population density is 47000 people per square kilometers.

从上城区的人口特征看，目前本区域已经进入超少子化、老年型社会，区域内年龄中位数已经超过 40 岁，60 岁以上人口比例已达 24.5%，属杭州全市最高之列，人口老龄化程度位居浙江省全省首位。相关规划对于老年人口的测算已经低于实际值，未来养老设施配置存在较大缺口。

According to the characteristic of population, it has a tend of declined birth rate and old society in Shangcheng District. Most people are more than 40 years old. The proportion of old people over 60 years old is 24.5%. It is the top one in Hangzhou, even in Zhejiang. Other relative planning's prediction about the amount of old people is less than reality demand, and there will be lack of facility for old people in the future.

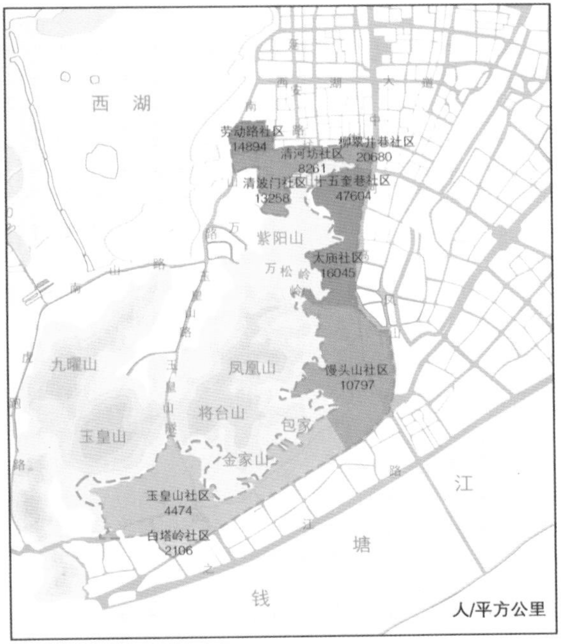

另一方面，上城区少年儿童增长速度严重偏低，人口缩减特征极其明显，待抚养的老年人口规模已经赶超待抚养的少年儿童人口规模。这一趋势在未来 10 ~ 20 年内呈加速状态。基于上述特征，区域内应侧重养老设施的配置。

On the other hand, the speed of children increasing is extremely low. Population is obviously shrinking. the elderly population has catch up with children, even exceeded. This trend will accelerate in next 10 or 20 years. So the facility for old people should be improved.

常住人口密度分析图
The analysis diagram about permanent residence density

土地利用与道路交通

Land use & Traffic

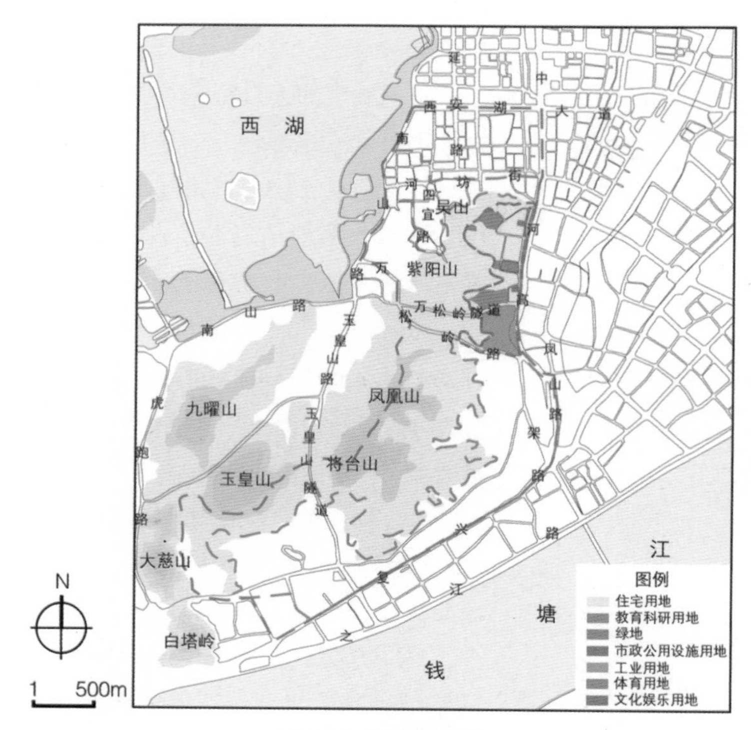

2010 年用地现状图

The map of land use in 2010

大马弄及周边 500m 范围内用地现状基本为二类居住用地（R21）、公共管理与公共服务设施用地（A）、商业服务设施用地（B）及公共绿地（G11）。

The mainly land functions are secondary residence (R21), public management and public service facilities (A), commercial service facilities (B) and public green space (G11) in Dama lane and 500m range around.

受西侧山体阻隔，场地及周边整体交通状况不佳，支小路系统不完善，部分道路不具备机动车通行条件，交通方式单一，出行路径少。静态交通方面，机动车停车位受限于场地条件，远不能满足当前需求。

The site limits by the mountain in west，so there are some traffic problems，such as incomplete minor road system，simple transportation，lack of parking space and so on.

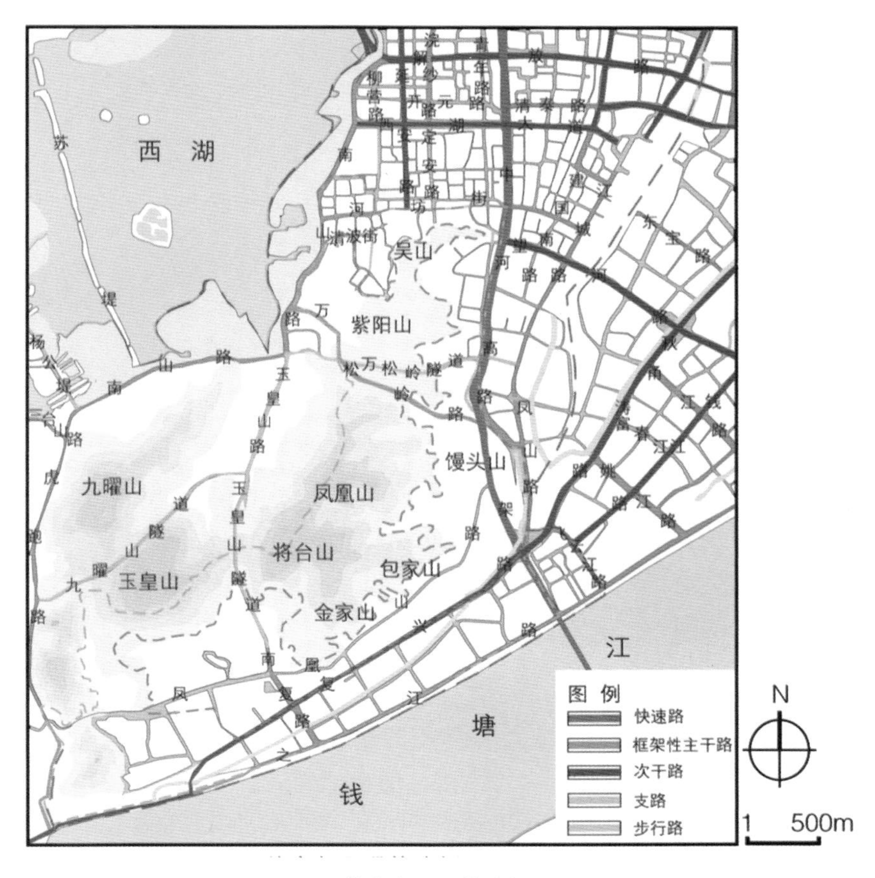

道路交通现状分析图
The diagram of traffic status

街区全貌

The panoramic of block

街区全貌图

The panoramic of block

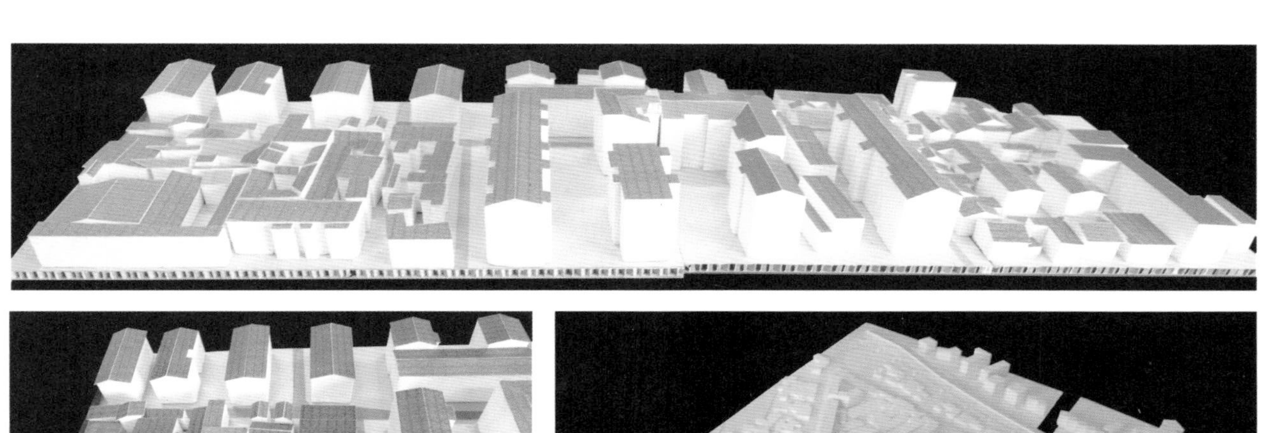

实体模型照片
Model

街巷空间

Street space

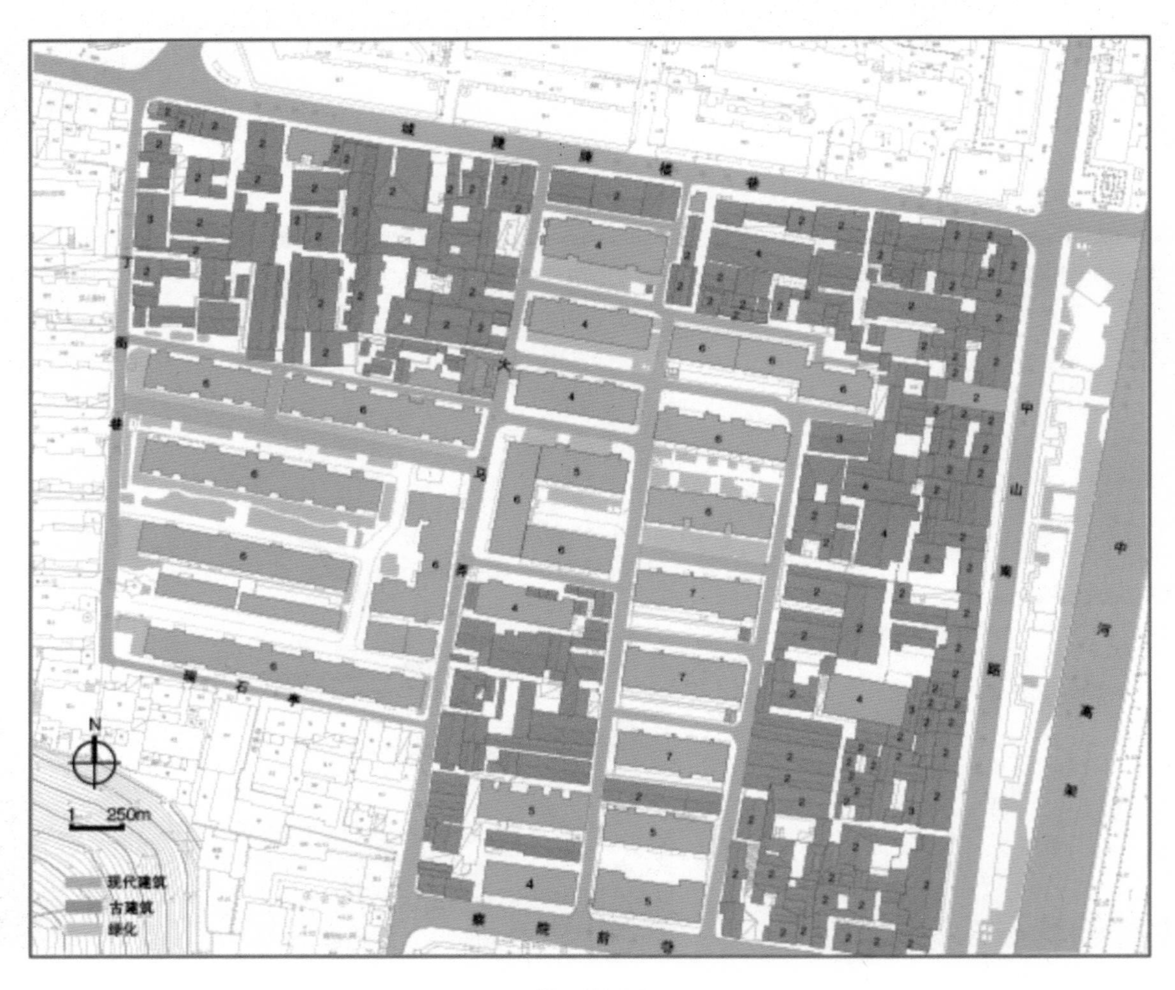

街区全貌图
The panoramic of block

以东侧中山南路，南侧察院前巷，西侧丁衙巷，北侧城隍牌楼巷包围的街巷空间中，古建筑要分布于北侧与东侧，现代建筑主要分布于西南侧，绿化主要分布于现代建筑周边和道路边。

In the lane space surround by Zhong shan Road , Chayuanqian Lane, Dingya Lane and Chenghuang Pailou Lane, the historic buildings are in the north and east, and the modern buildings are in the southwest. Green land is near the modern buildings and roads.

街巷照片
Street photo

建筑风貌

Architectural style

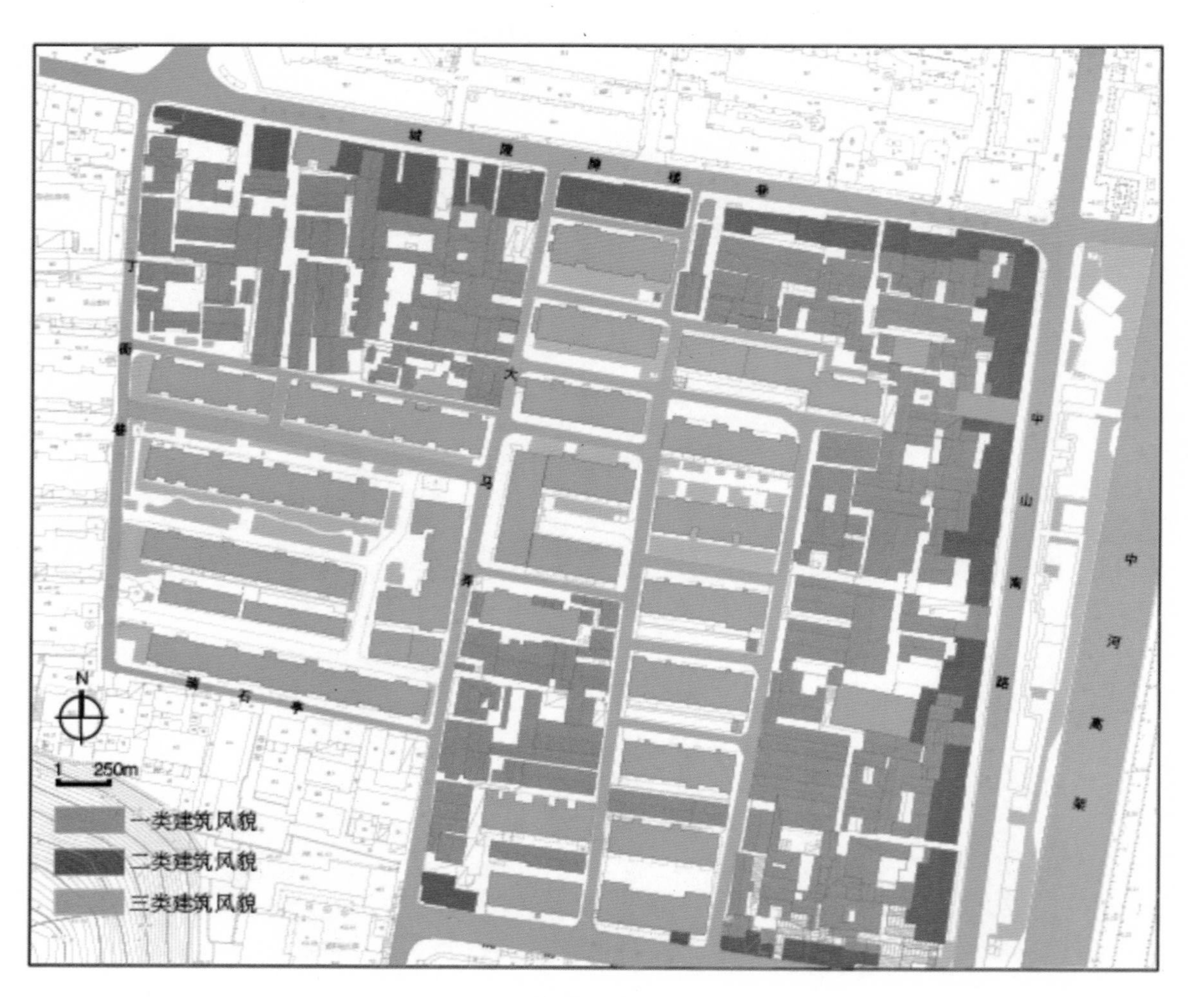

建筑风貌分析图

Investigation and analysis unit living environment

该区域总体上看来建筑风貌良好，一类风貌的历史古建筑基本占该区域的一半，体现了该区域历史文化气息较为浓厚。但经改造过的二类风貌建筑较少并基本上沿街分布，这些主要是沿街商铺，保留了部分历史文化的元素。三类风貌建筑面积也较大，主要是分布在居民区，这些建筑大多是经过重新整治和翻新，建筑风貌上较为单一死板，并且缺少历史文化元素。

The area has integral and good features. There are three levels building. The first is historic building that takes half percentage and increases the cultural atmosphere. The second is shop along the street that conserves some cultural elements. This style is rare. Most of the third level has been rebuilt and lack of cultural features. They have a great amount and distribute in residence zone.

风貌照片
Environment photo

古建筑的高度基本处于 4~8m 之间；高度分为 9~16m 和 16m 以上两种等级；

The residential buildings contain old and modern. The height of old buildings is between 4meters and 8 meters. The modern buildings have been mainly renovated recently. And the height of buildings can be classified two types. The one is between 9 meters and 16 meters. The other is more than 16 meters.

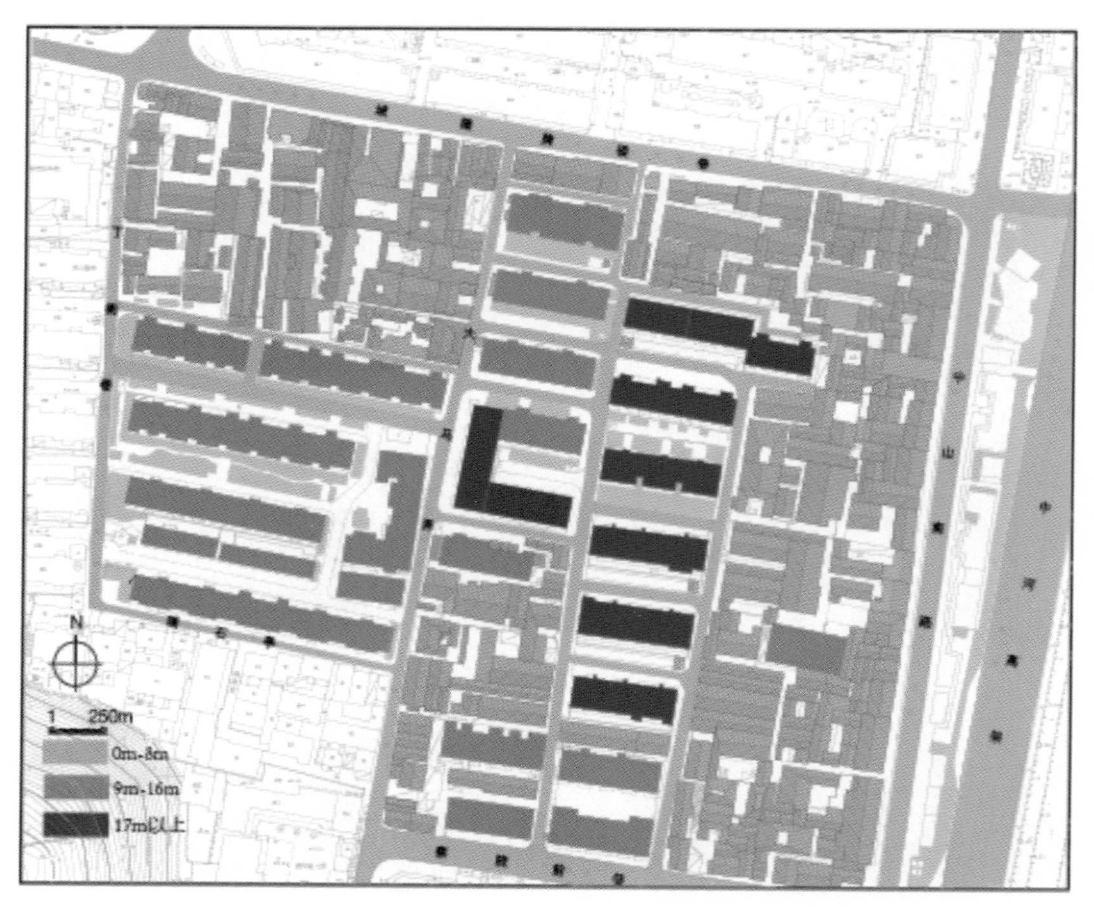

建筑高度分析图
The height of the building

从建筑的质量角度来看，经过重新整治和翻新过的部分居民楼虽然缺乏文化特征但是建筑质量却是最好的，还有经过改建的沿街店铺建筑质量也同样较好，但是作为历史遗留的古建筑的质量相比经改造的建筑质量就稍显较为一般。

In the view of the architectural quality, although some reformed house is lack of culture identity, their quality is the best. Reformed shops along the street also have good quality. However, the quality of unreformed historic buildings is not as good as others.

建筑质量分析图
The qulity of the building

大马弄西侧
The west of Da Ma Nong

大马弄东侧
The east of Da Ma Nong

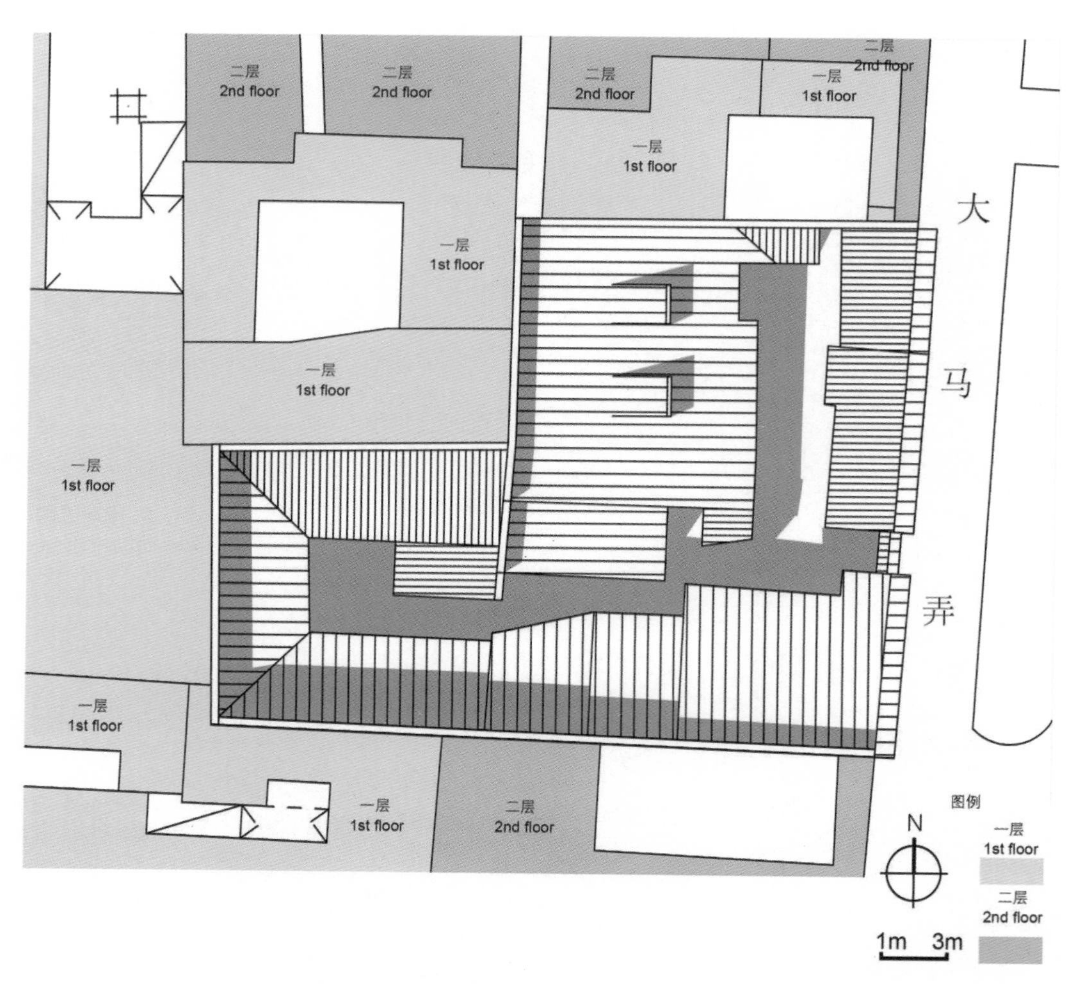

大马弄 60 号总平面图
The total floor plan in No.60

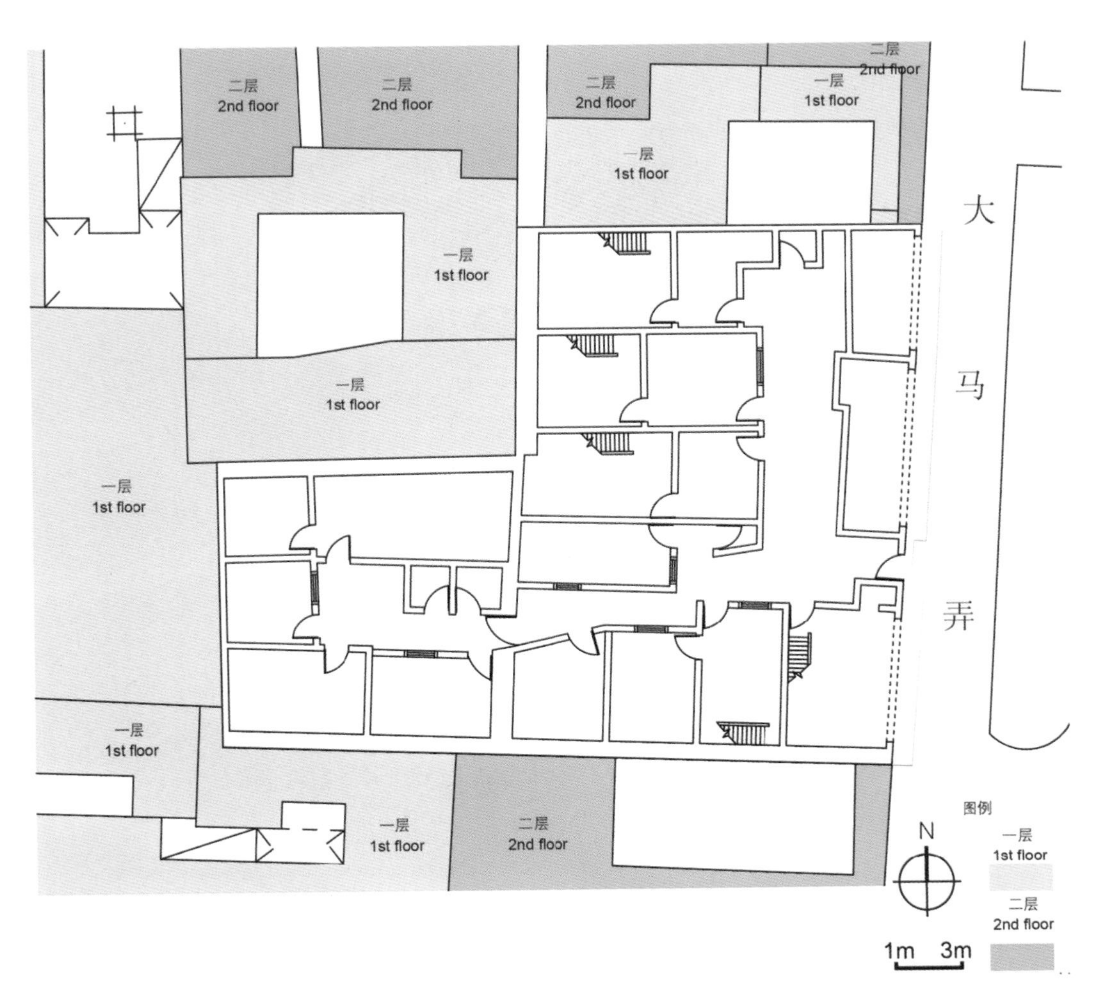

大马弄 60 号一层平面图
The first floor plan in No.60

现状

Status quo

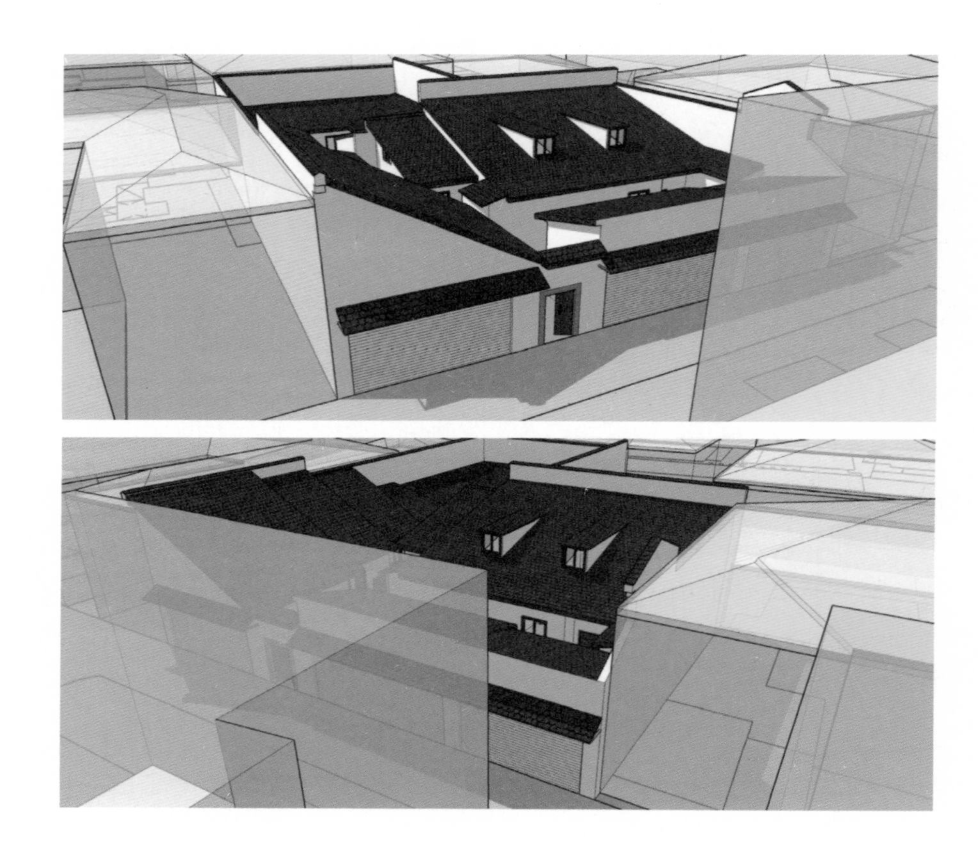

大马弄 60 号建于 20 世纪五六十年代，几十年来居住人数不断增加，居民迫于居住的窘境，不得不擅自 建构筑物，而各种构筑物不仅缺乏安全性，同时也挤压着居民的公共空间面积。

No.60 building in Dama Lane was built in 1950 to 1960. The residents have to create additional architectures to meet the need of increasing number of people. But the additional buildings take some security issues and occupy public space.

狭隘的廊道、建筑老旧是大马弄 60 号的真实写照，居民面临着公共空间缺乏与居住空间不足的双重矛盾。

Narrow corridor and broken architectures is the identity of No.60 house in Dama Lane. People must face to a contradiction about lack of public space and living space.

意愿、产权与使用

Wish, Property Right & Employ

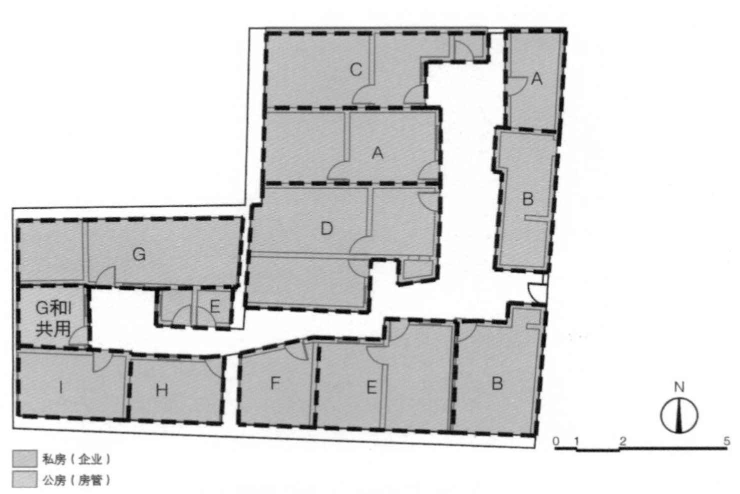

大马弄 60 号产权及公私房现状图

大马弄 60 号共 10 户居民，因产权一直不明确（侧面了解该处原为杭州食品厂仓库。后在产权移交给杭州市房产局的过程中手续未办妥导致产权证至今不明确）以及 2 户家庭要求过高（要求分配 2 套住房）至今一直未危改。

There are 10 households in the No.60 house in Dama Lane. The progress of reconstruction delayed by the indefinite property rights and the steep demand of 2 households. The house was original warehouse of Hangzhou food factory. But the factory haven't completed transferring the house property to the residents.

户主	产权	总面积	备注	户主	产权	总面积	备注
A	私房（企业）	36.714㎡		F	私房（企业）	12.143㎡	
B	私房（企业）	33.762㎡		G	私房（企业）	32.533㎡	
C	私房（企业）	27.132㎡		H	私房（企业）	13.300㎡	
D	私房（企业）	43.388㎡		I	私房（企业）	15.878㎡	
E	私房（企业）	34.652㎡		G和I	公房（房管）	10.251㎡	两者共用

房主产权面积表

沿街一侧是商业用途，内部大多数是个人住宅，一处因产权为两户共有，目前共同使用。

The outside parts of house are shops along the street . The inside is residence. One space is shared by two households.

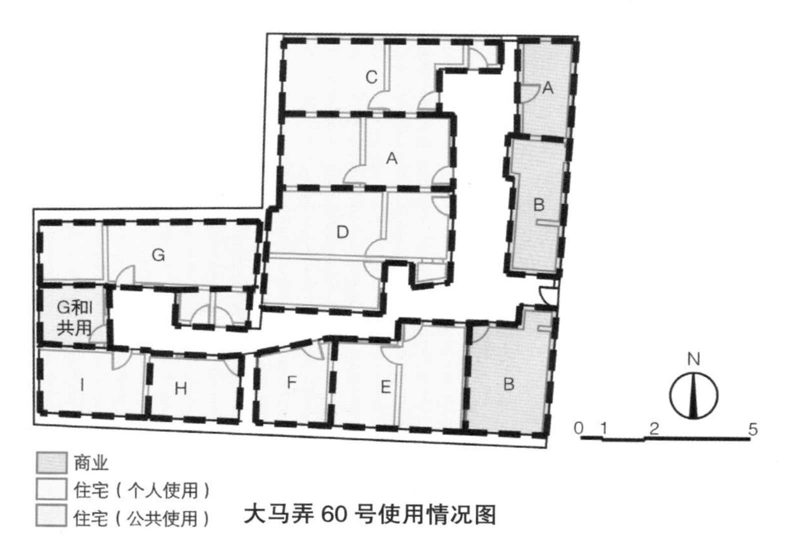

大马弄 60 号使用情况图

户主	房屋使用类型	面积
A	商业	10.337m²
	住宅（个人使用）	26.377m²
B	商业	33.762m²
C	住宅（个人使用）	27.132m²
D	住宅（个人使用）	42.001m²
E	住宅（个人使用）	34.652m²
F	住宅（个人使用）	12.143m²
G	住宅（个人使用）	32.533m²
H	住宅（个人使用）	13.300m²
I	住宅（个人使用）	15.878m²
G和I	住宅（公共使用）	10.251m²

房屋使用类型表

N

0 1 2 5

未改造意愿强

已私自改造

大马弄 60 号改造意愿图

住户	年龄	家庭构成	面积	居住年数	期望
徐女士	51岁	3人（夫妻+儿子）	40m²	30年（丈夫居住50年）	①面积需要扩大到48m² ②建筑需要重新翻新，墙体龟裂，周围建筑木梁结构老化等问题严重
董先生	76岁	2人（夫妻）		50年（工厂分配）	①要求面积为50m² ②墙面、瓦等换掉
王女士	70岁	4人（自己+3儿子）	48m²	40年	①要求面积为50m² ②墙面、瓦等基本的地方需要重新修过
杜先生	80岁	2人（夫妻）	32.5m²	48年（与原住户换房得来）	要2楼、朝阳的房间或者是搬到外面去
江女士		3人（夫妻+女儿）	15m²	20年	希望重建，要48m²
李先生	58岁	3人（夫妻+儿子）	44m²（自建的厨房算入）	55年	①两个房间 ②房产证（小孩读书需要）

部分住户改造期望调查表

设计方案
Design Project

方案一：市场调整计划

Plan 1：Market Adjustments

社区市场是社区活力最鲜明直接的体现。大马弄作为一条自发形成的市场街巷，聚集了大量周边居民的日常生活消费，从而具备了雅各布斯（Jacobs）所倡导的多样性。市场业态的多样性呈现出迷人的生活气息；同时市场对人居环境的负面影响导致毗邻居住品质低下。这种由多样性衍生的矛盾性在大马弄 60 号表现得尤为明显。

大马弄总体狭小，南窄北宽，两侧独立店铺连续分布，南侧店铺大多独立于居住功能，北侧店铺则大多与居住空间紧邻。60 号位于大马弄北侧，集中了数家贩卖肉制品和家禽的店铺，其气味对居民日常居住影响较大。

本方案从“街巷——院落”两个层面对 60 号人居环境进行整体提升。在街巷层面，通过市场组织协调，将南侧需要室内外售卖结合的蔬菜水果店与北侧仅需室内售卖的肉制品和家禽店进行空间置换，结合街巷空间重新规划店铺。在院落层面，基于居民改造意愿，从居住面积、基础设施、日照条件三方面进行了人居环境的提升设计。此外，在增加面积中预留一部分用作出租用途，利用租金弥补政府前期投入以及建立后续房屋维修基金，从而实现可持续发展。

The market is the symbol of community vitality. As a spontaneous market, Dama Lane gathers a large numbers of consumption from people living nearby. So it has the Jacobs' variety. The variety of trade creates an attractive favour of life, although its negative effect produces bad living quality. This paradoxical character of variety is obviously.

Dama Lane is narrow. The northern is wider than the southern. Independent shops go along both sides of the lane. The shops in south are separated from living spaces, and combined in the north. There are some meat shops next to he No.60 building. And their nasty smell pollutes the living condition.

This scheme will improve the living quality of No.60 according to street and yard. On the street scale, the fruit and vegetable shop in the southern of the street will change place with the meat shop by market administration. On the yard scale, living condition will be improved in living space, infrastructure and sunshine by the will of residents. In addition, we will keep a part of increasing space for renting. And the rent will be used to cover the government's investment and set up fund of reparing.

大马弄现状
Character of the Dama Lane

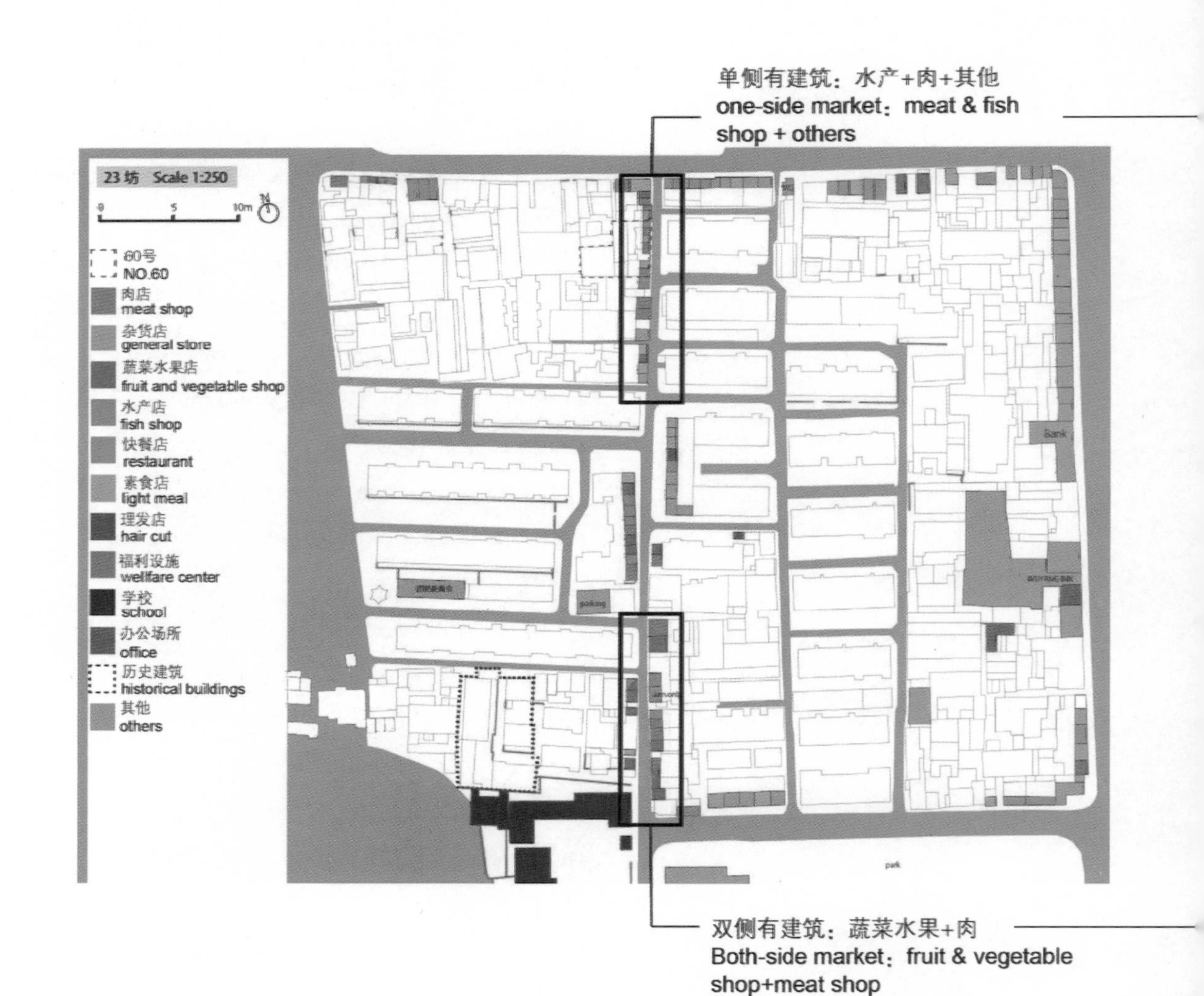

大马弄是一条狭小的弄堂，两侧均为店铺，主要售卖农副产品，形成街巷市场。较南侧农贸市场而言，街巷市场出售的商品价格便宜，有特色，同时购买方便，因此弄堂人群密集，人流量较大。

Dama Lane is very narrow. Shops along both sides of the street mainly sell farming by-products. Comparing anther traditional market in southern of the street, the products are characteristic and the price is cheaper. It is convenient at the same time. So a lot of people living nearby come to these shops.

调整理念
Adjustment of design concept

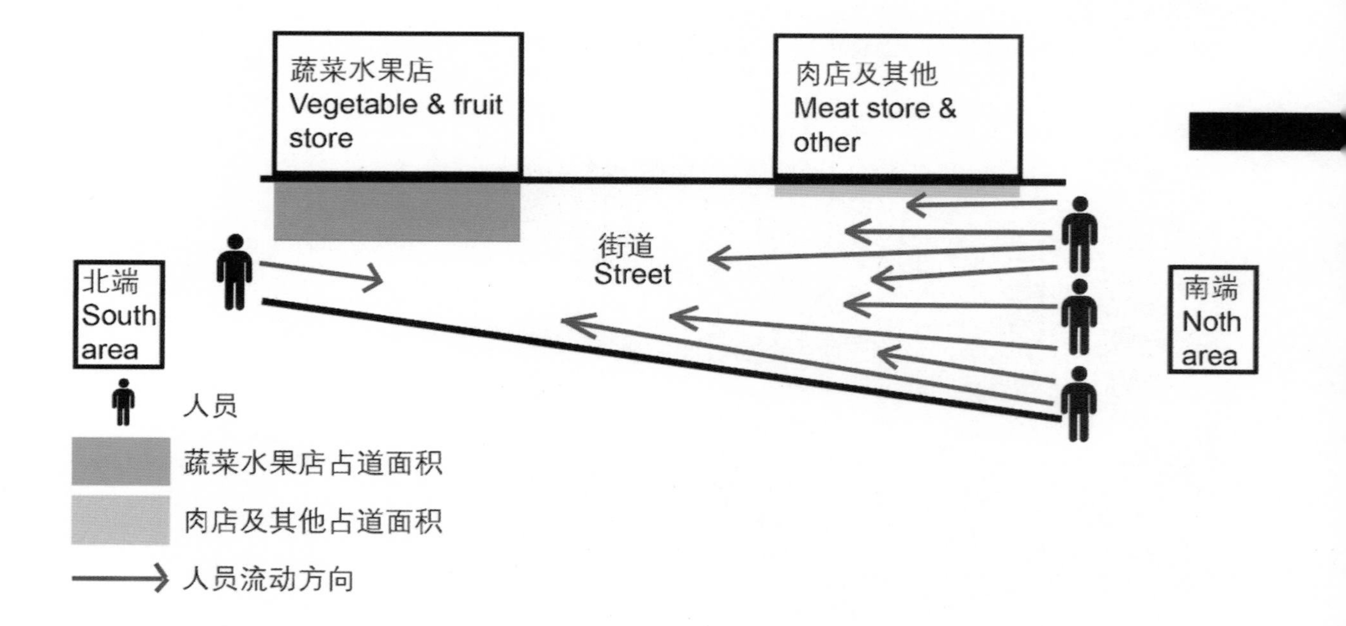

（1）在街巷市场内部置换调整 60 号周边店铺功能，改善 60 号居住环境（气味等）；按照大马弄的空间现状特征重新规划店铺位置，形成整洁有序的购物环境。

The shops' position near the No.60 building will be changed to improve the living condition. And he well-organized market space will provide a comfortable shopping condition.

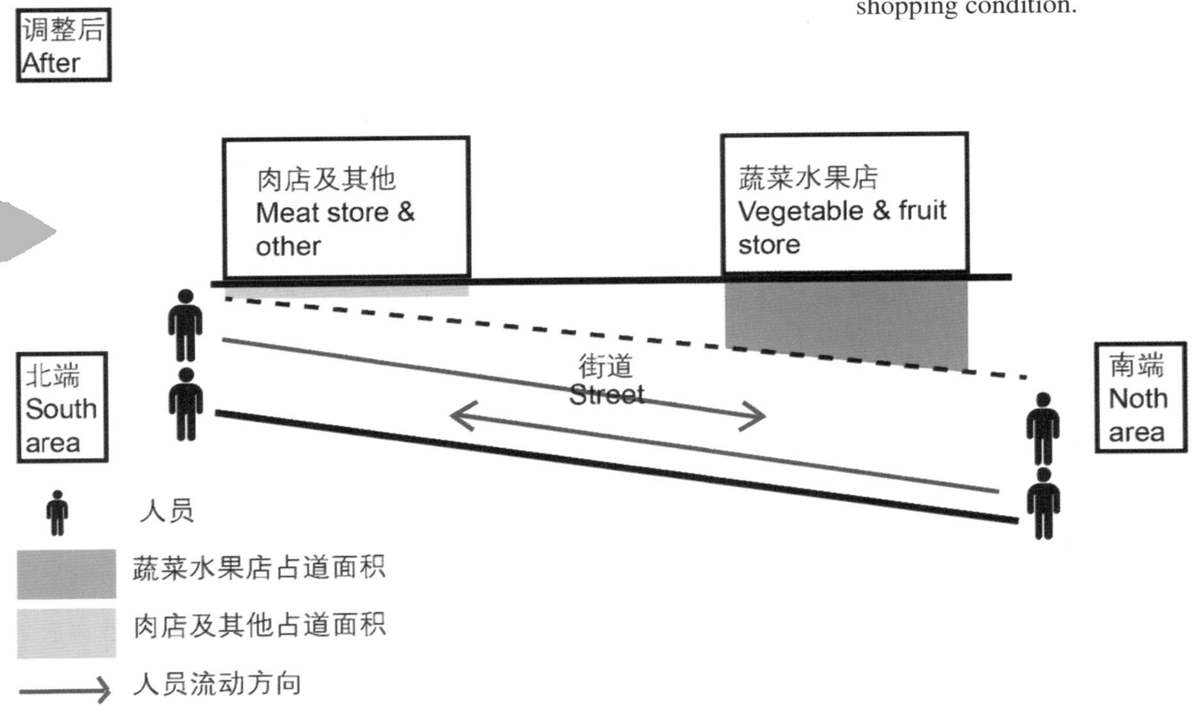

效果图
Perspectives

大马弄北端
North area of Dama lane

大马弄南端
South area of Dama lane

光照分析图
Solar illumination analysis

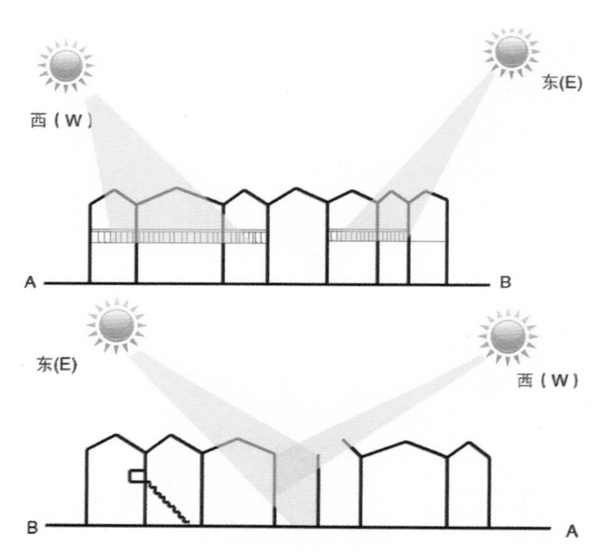

效果图
Perspectives

（2）根据居民改造意愿，改进了60号内部房屋布局，在满足居民对居住面积和基础设施的同时，保证每户都能够有充足的日照。

According to the reform of the residents intend us to the Damanong 60 layout is improved, in the area of the residents and indoor infrastructure requirements, ensure that every household can exposure to the sun.

公众参与
Public participation

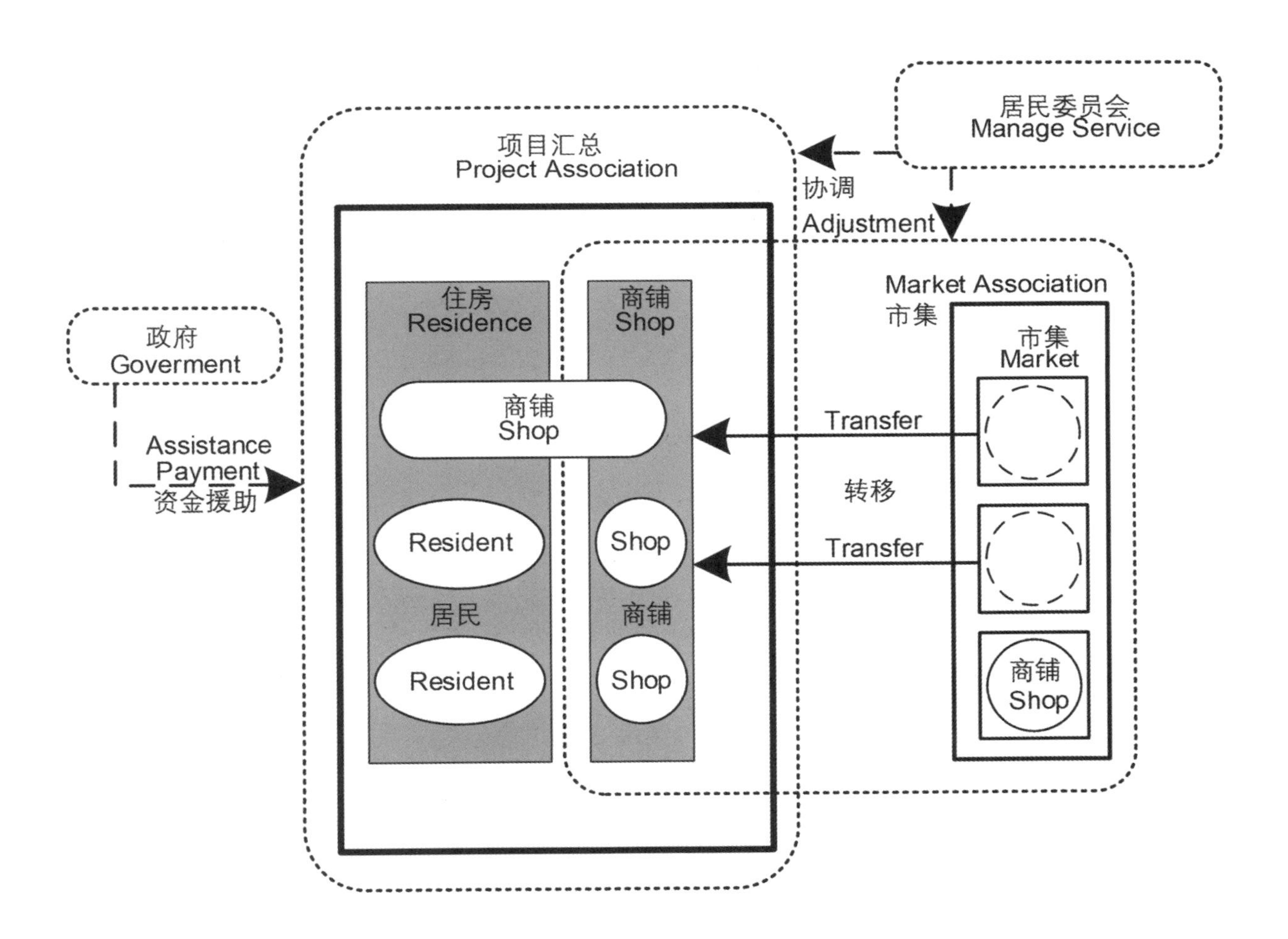

平面图
Ichnography

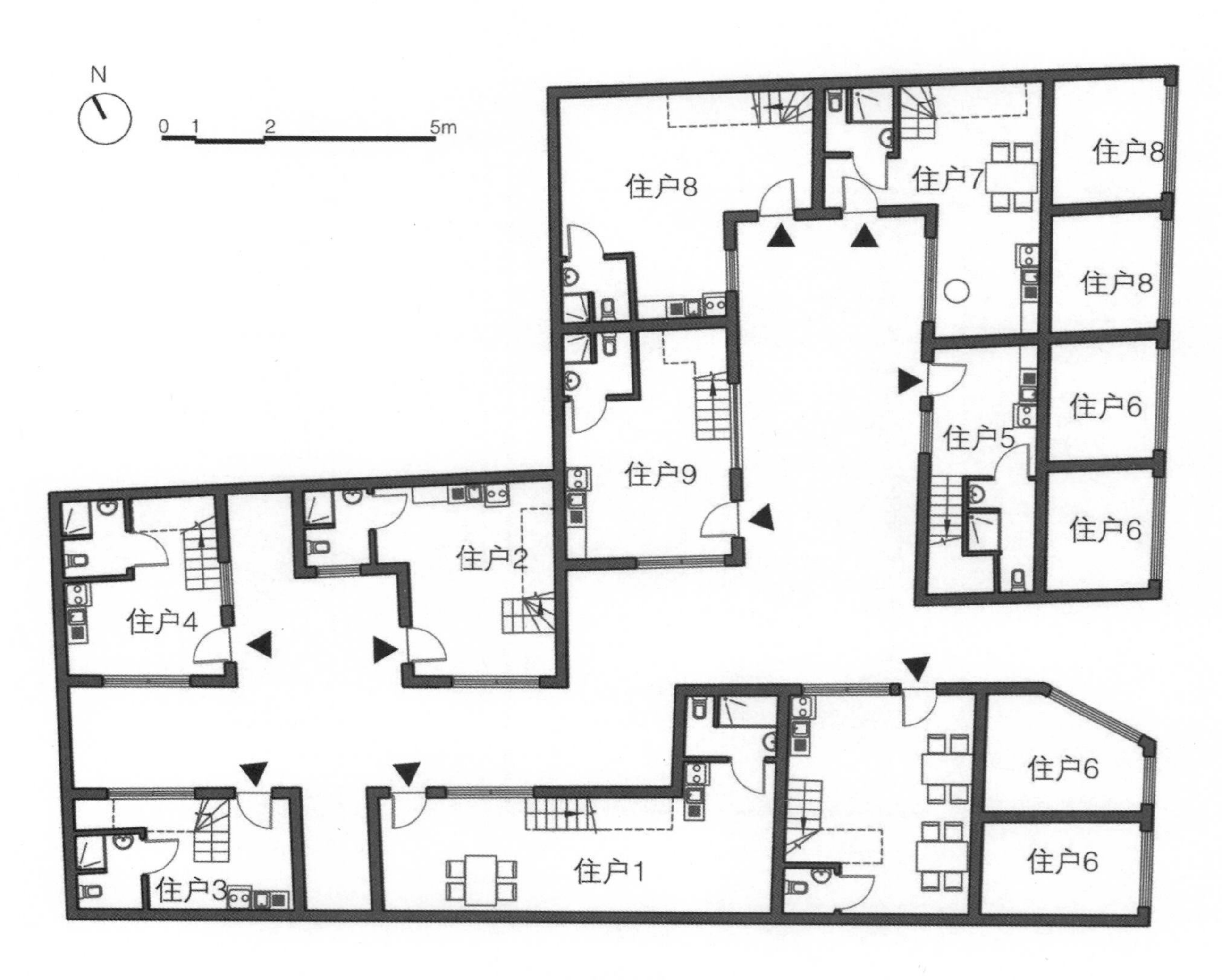

一层平面图
First floor plan

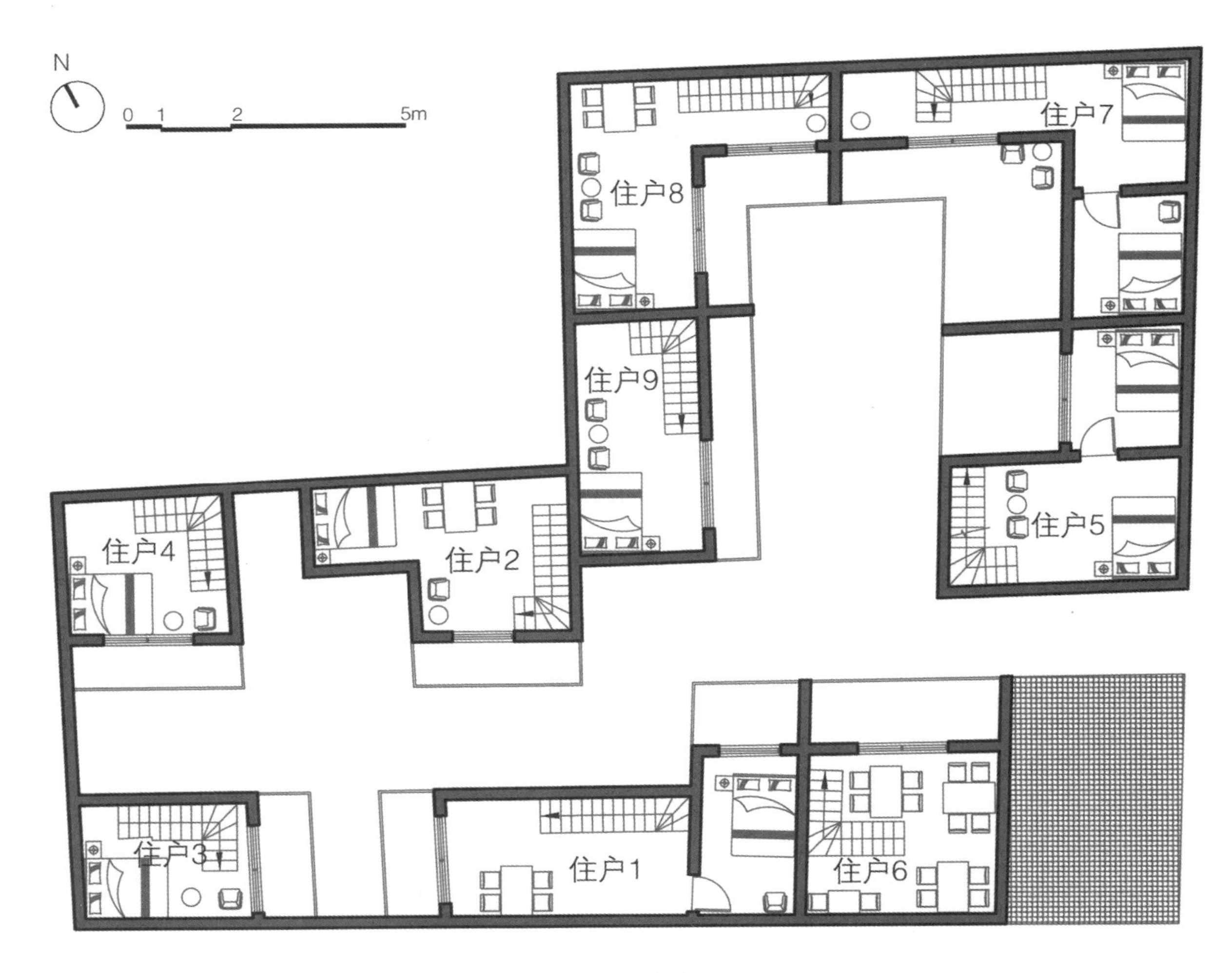

二层平面图
Second floor plan

剖立面图
Section elevation

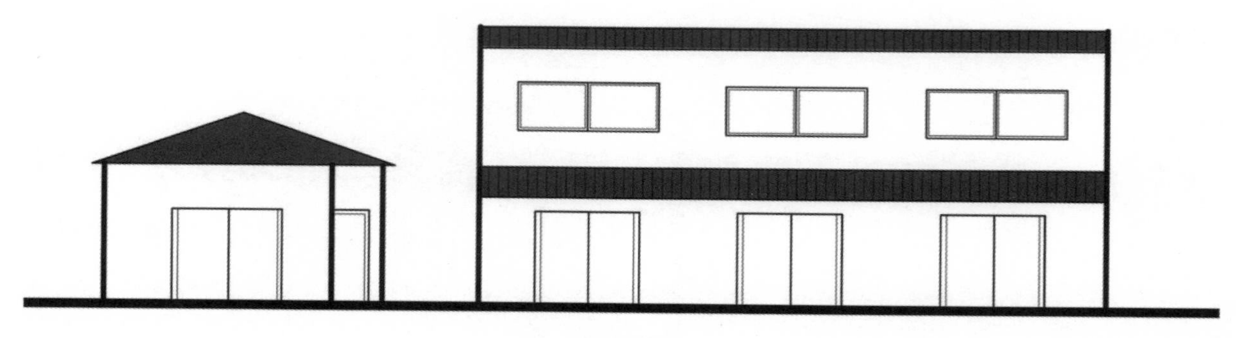

东立面图
The east elevation

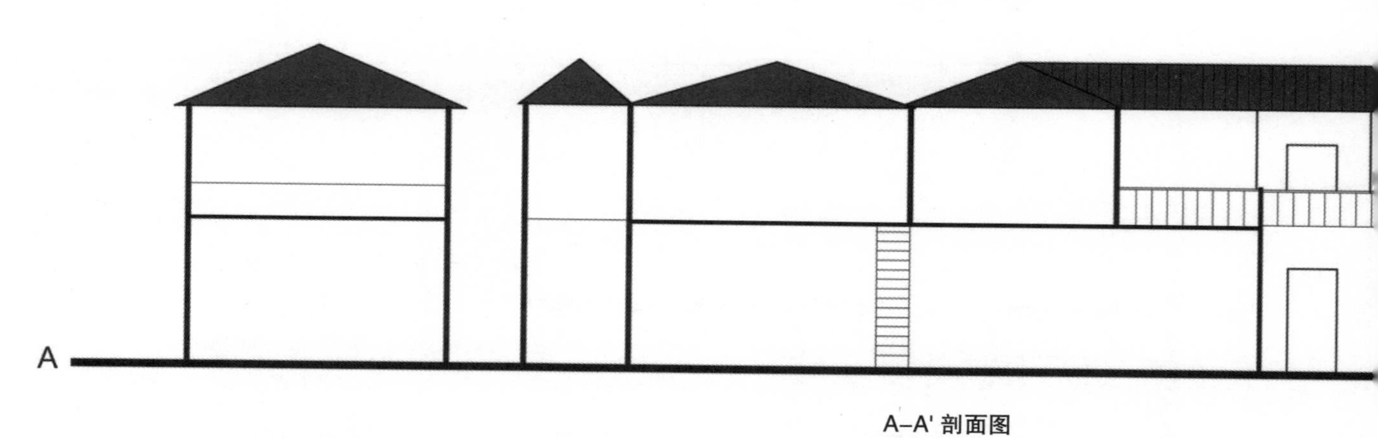

A–A' 剖面图
A–A' section

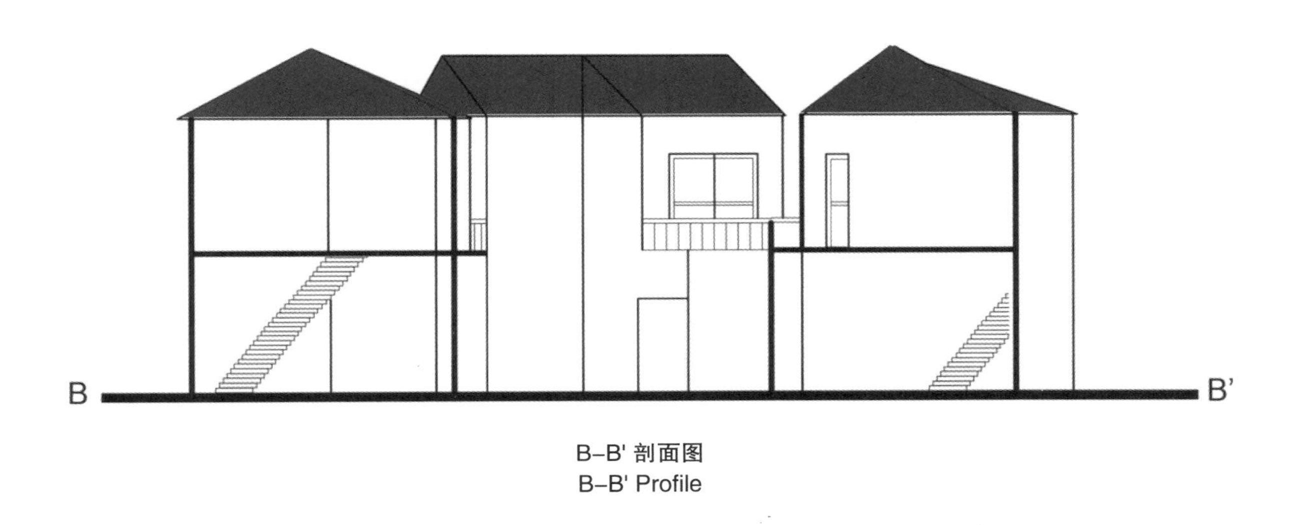

B–B' 剖面图
B–B' Profile

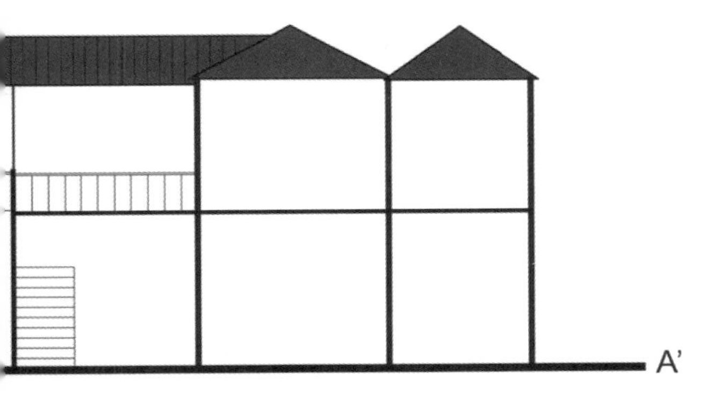

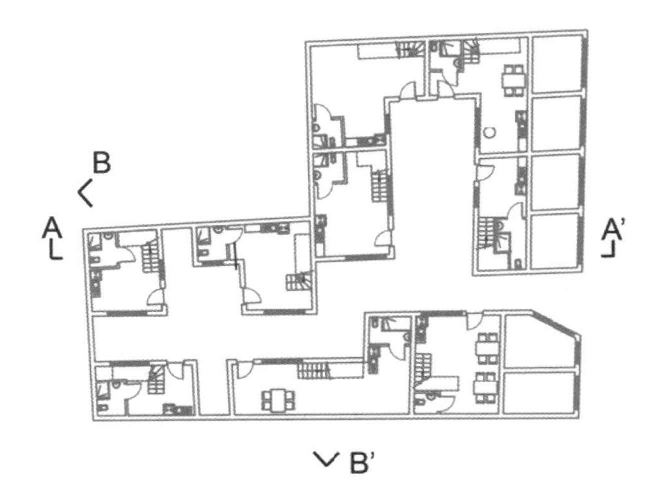

方案二：养老设施微介入

Plan2：Endowment facilities micro step in

随着老龄化进程的加剧，养老设施不足已经成为一个比较严重的社会问题。大马弄 60 号一共有 8 户居民，其中 4 户为老龄或高龄住户，部分甚至独居。社会和住家养老设施的严重缺乏，导致老年人生活诸多不便，晚年生活质量低下。

本案提出在 60 号内植入一个养老福祉设施，较营利设施植入更能为利益相关各方接受。另一方面在提升 60 号内老人日常生活品质的同时，又能够为周边老人提供服务进而成为老龄化社区的养老节点。房屋产权属性的复杂性是本方案需要处理的核心难点。此外，各种利益相关者的组织形式，改造建设资金的投入，管理和监督都是需要回应的问题。

60 号居民的普遍居住需求亦是本方案重点考虑的问题，在确保一定的公共面积的基础上，每户居民可以统一增加 15m^2 的居住面积，以确保户内独立的厨房、卫生间和楼梯空间。

With the prick of the aging process , the lack of endowment facility has become a serious social problem. Half of the households in No.60 building are elderly. Some of them are even living alone. The lack of endowment facility has taken so many disadvantages to their daily life.

Implanting an endowment facility into No.60 can be accepted by everyone. On the one hand, it will improve elders' living condition in No.60. On the other hand, it will be a service center for elders in the whole community. The difficulty is the complication of housing property. In addition, the problem of various stakeholders' organization should be solved, the same as the investment fund for renewal construction, management and supervision.

It is also an important problem about the requirement of residents. The case shows that 15 ㎡ living space can be increased to create independent kitchen, toilet and stair to have the kitchen, toilet and stair space for every household.

老龄化的现状

Ageing of the status quo

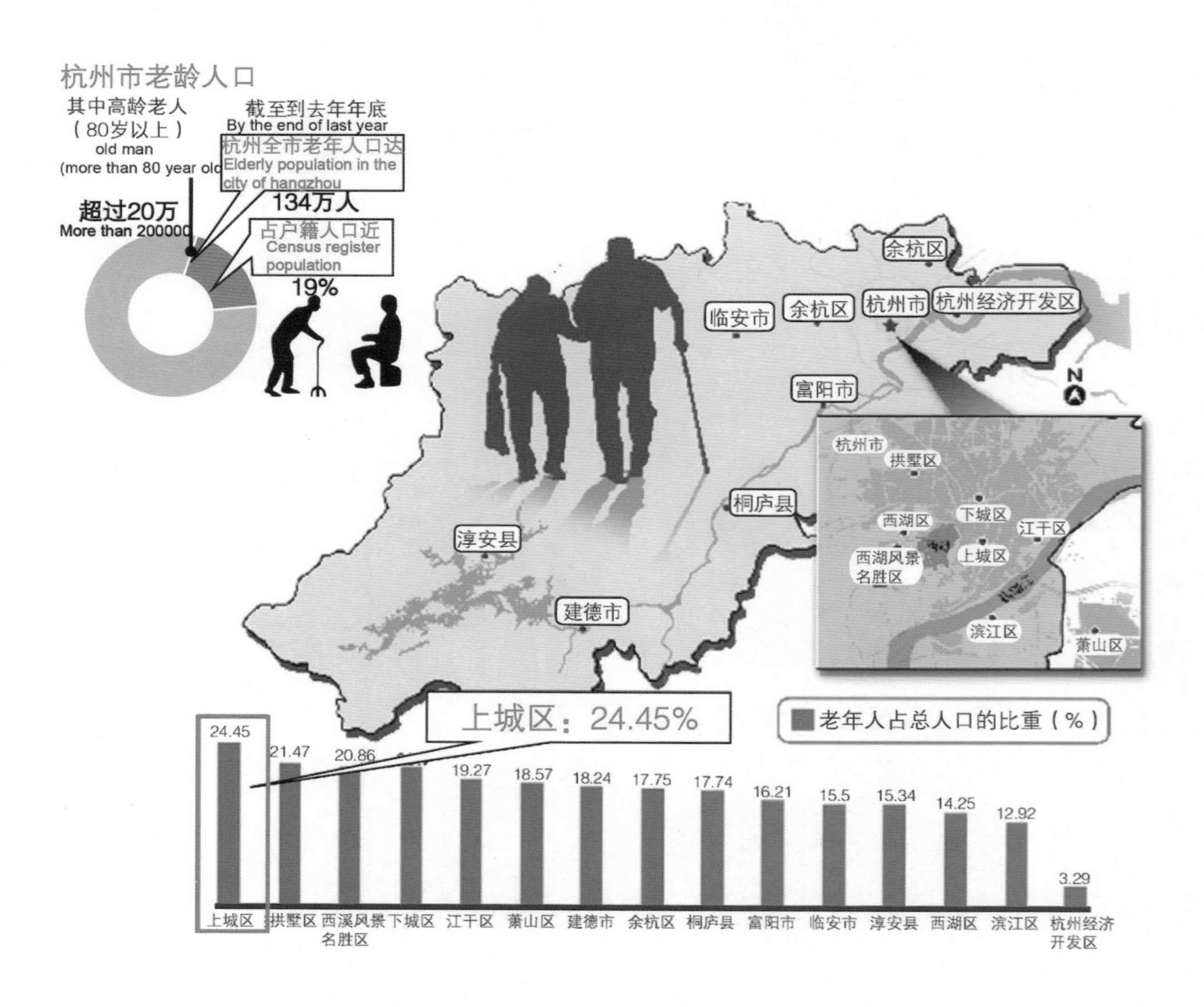

大马弄 60 号老龄住户
Elderly residents in NO.60 Dama Lane

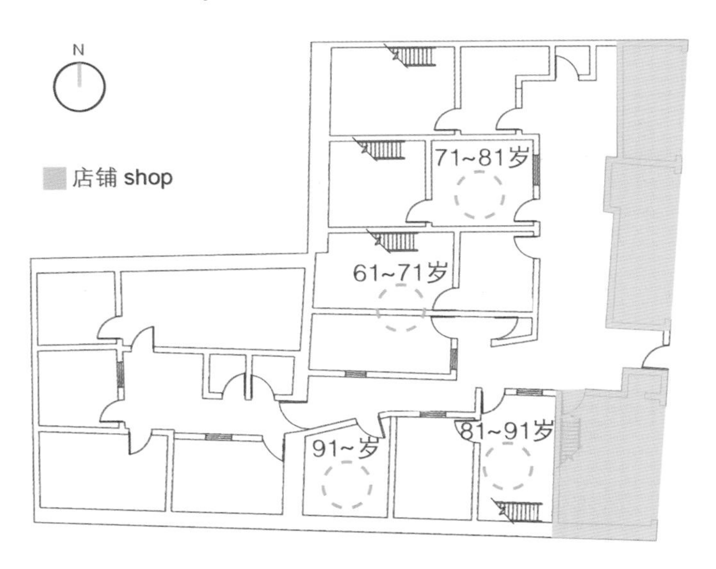

当今，老龄化越来越严重，上城区的老龄人口占杭州市 24.15%，老龄化已经成了很严重的社会问题。60 号中 8 户人中有 4 户有老年人，老年设施的缺失导致老年人生活的不便利与不安全因素。

Nowadays, the population of old people has raise to 24.15% in Shangcheng district with the prick of the aging process. This is a serious social problem. 50% households in No . 6 0 are the elders . Their life is inconvenient and unsafe due to lack of endowment facility.

理念阐述

Concept expression

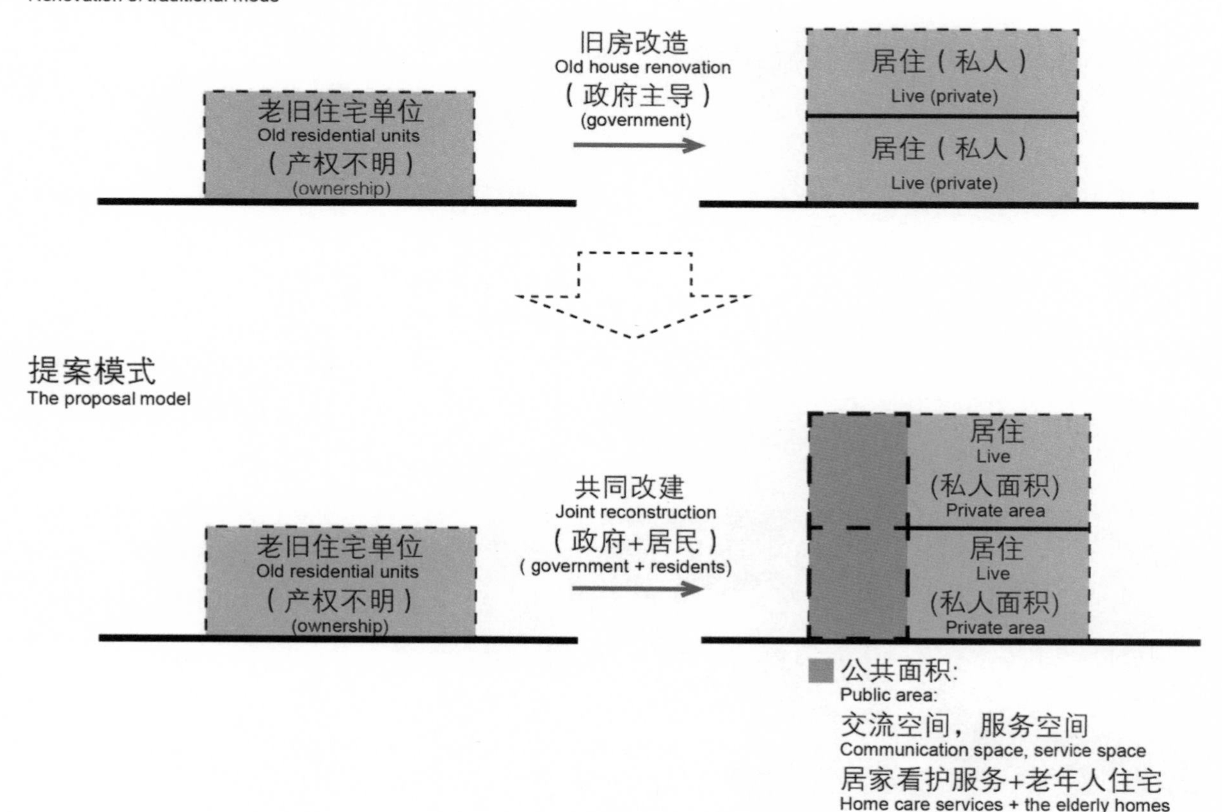

养老设施
Endowment facilities

1. 可入住型的养老设施
Available endowment facilities

设施
Facilities

需要看护服务的老年人
Need to care for elderly people
→ 特别看护老人院
Special nursing homes for the elderly

2. 居家看护服务和日间照料中心
Home care and day care centers

需要看护服务的老年人
Need to care for elderly people
← 居家看护支援中心
home care

需要看护服务的老年人
Need to care for elderly people
→ 日间照料中心
day care center

可入住型的养老设施
Can be admitted to the old-age facilities

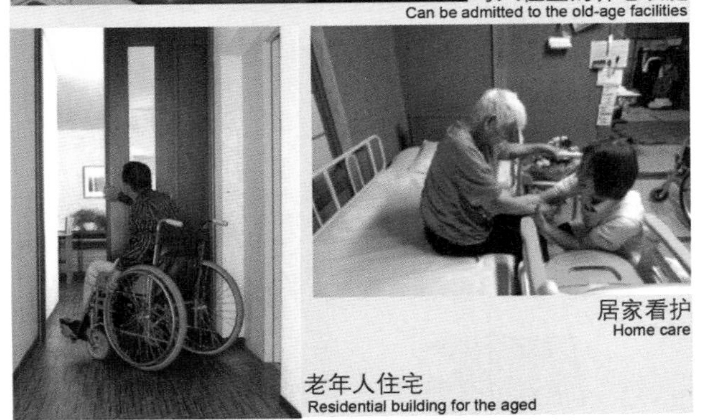

居家看护
Home care

老年人住宅
Residential building for the aged

我们小组希望通过老年福祉的建设可以改善老年人的生活品质，并能够服务到60号周边的居民。土地所有性质的复杂是困扰着课题组的一个大难题，与此同时，各个改造方案中人员的组织形式，资金的投入、管理与监督，统筹运营等等问题都迫切地需要政府部门的支持和帮助，政府与专家之间的交流沟通必不可少，并且迫在眉睫。

Our group hopes to improve the living quality of the old residents both in and around No.60 by the new service center for elders. The complication of housing property is a serious problem for us . Meanwhile we need government's support to deal with the organization form of various stakeholders, the investment fund for renewal construction, management and supervision problems. It is necessary and urgent to communicate with government and specialists.

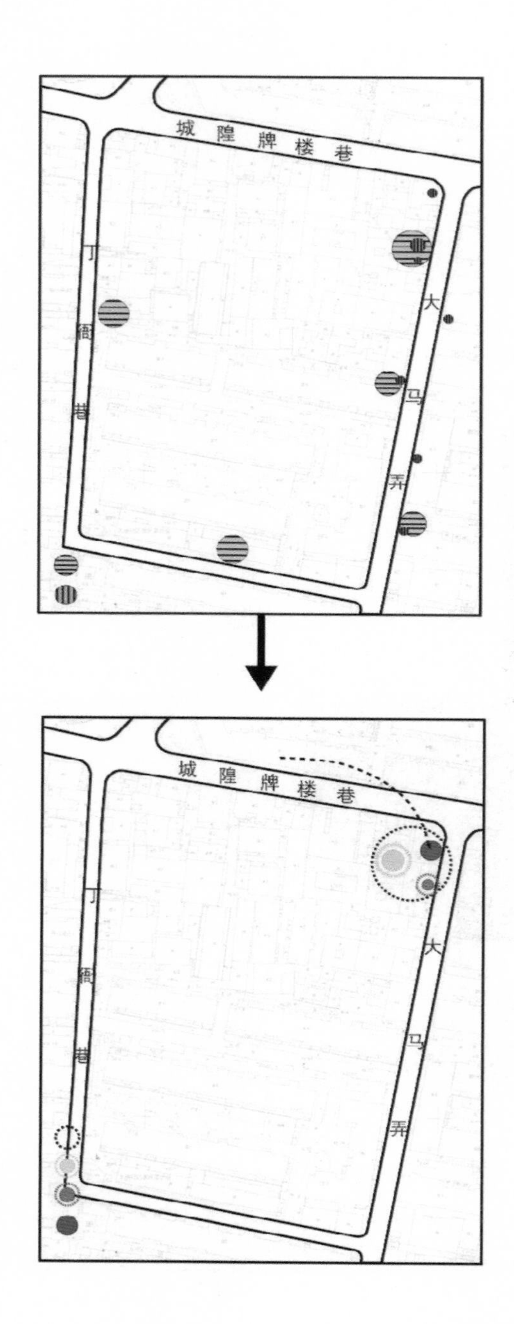

城隍牌楼巷
丁衙巷
大马弄
城隍牌楼巷
丁衙巷
大马弄

现状：

① 老化高密度居住单元散状分布。

② 大马弄沿街生鲜店铺组织无序且卫生问题严重。

③ 周边社区福利设施不足。

④ 社区凝聚力尚未形成。

Present situation：

① The ageing and high density buildings are scattered in the area.

② The environment around shops in Dama Lane is dirty and disorder.

③ There are not enough welfare facilities in the communities nearby.

④ The community’ s cohesion hasn’ t been formed.

第一步 近景——“引入社区养老设施等福利功能”：

① 基于 60 号居住单元，保留原有沿街店铺和居住功能，新增空间引入养老福利设施功能，并适当向周边居住单元延伸，达到多单元共同改建的目标。

② 政府对福利性质改造提供相应的资金补助和政策支持，原籍居民出资改善自我居住条件，高龄老人优先享用养老福利服务，且可通过原有房屋置换方式直接入住福利设施。

③ 新增养老福利设施定位于小型社区，由社区及居民委员会联合运营。

First step，recent target，“bringing in community endowment facility and other welfare functions”：

① The shops along the street and living functions will be reserved in No.60. Increasing space is used for endowment facility. And other yards around No.60 are also encouraged to build the same facility.

② Government provides fund and policy support to build endowment facility. The original residents pay for improving their own living condition. The elders have a priority to use the endowment facility service. And they can also live in the endowment facility by transfering their own house.

③ The type of new endowment facility which is operating by community and neighborhood committee is fit for small community.

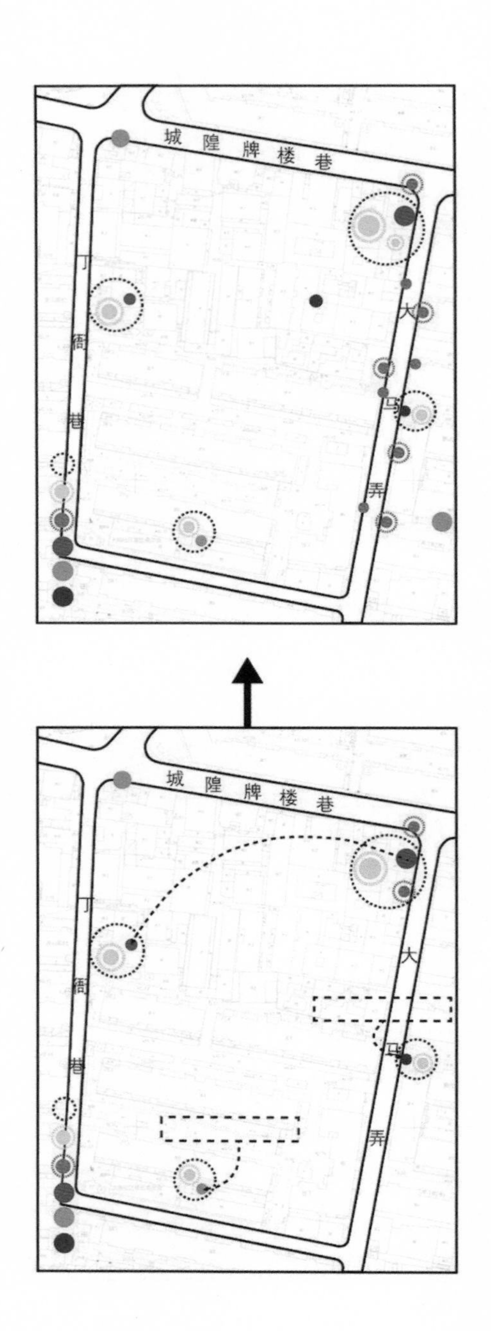

城隍牌楼巷
丁衙巷
大马弄
城隍牌楼巷
丁衙巷
大马弄

第二步 中景——“引入新功能共同改造”模式在社区内展开：

① 将60号改造经验模式推广到社区内其他需要改造的单元，除了福利设施外，引入社区居民所需的文化、集会等多元化功能设施，完善社区服务。

② 新增社区功能均需具备一定的公共性和公益性，政府提供相应的资金和政策支持。

③ 新增设施的运营依托居委会，同时鼓励原地居民参与和利用，保证运营主体的地域化和多元化。

Second step，medium-term target，"carrying out this renewal style in the community"

① The experience of renewal in No.60 will be absorbed by other units in the same community. Besides the endowment facility，other functional facilities such as cultural communication will be developed to improve communities' service.

② The characteristic of the new functions supporting by government are public welfare.

③ New facilities are operated by neighborhood committee. And original residents are encouraged to take part in to make sure regionalization and diversity of the operator.

第三步 远景——共同改造模式在区域内展开：

① 前述模式在区域内全面展开，在改造老旧居住环境同时完善符合地区需求的公共功能，如老年人日间看护中心、社区图书馆、社区食堂、育儿协助中心、社区活动中心等。

② 以居委会为各项改建事务的总体协调组织，同时成立鼓励居民社区参与的专项项目组织。

③ 各项改建工程的规模和内容根据居民意愿进行动态调整。

Third step，forward target，"carrying out this renewal style in the area"

① The formal pattern is used in the whole area. The old living condition will be improved. And new public functions will be increased，such as the elderly day care centers，community library，canteen，childcare assistance center，community center and so on.

② Neighborhood committee is in charge of organizing and coordinating renewal affaires. And special group is setup to encourage residents' participating.

③ Every projects' scale and content are adjusted dynamically by the residents' desires.

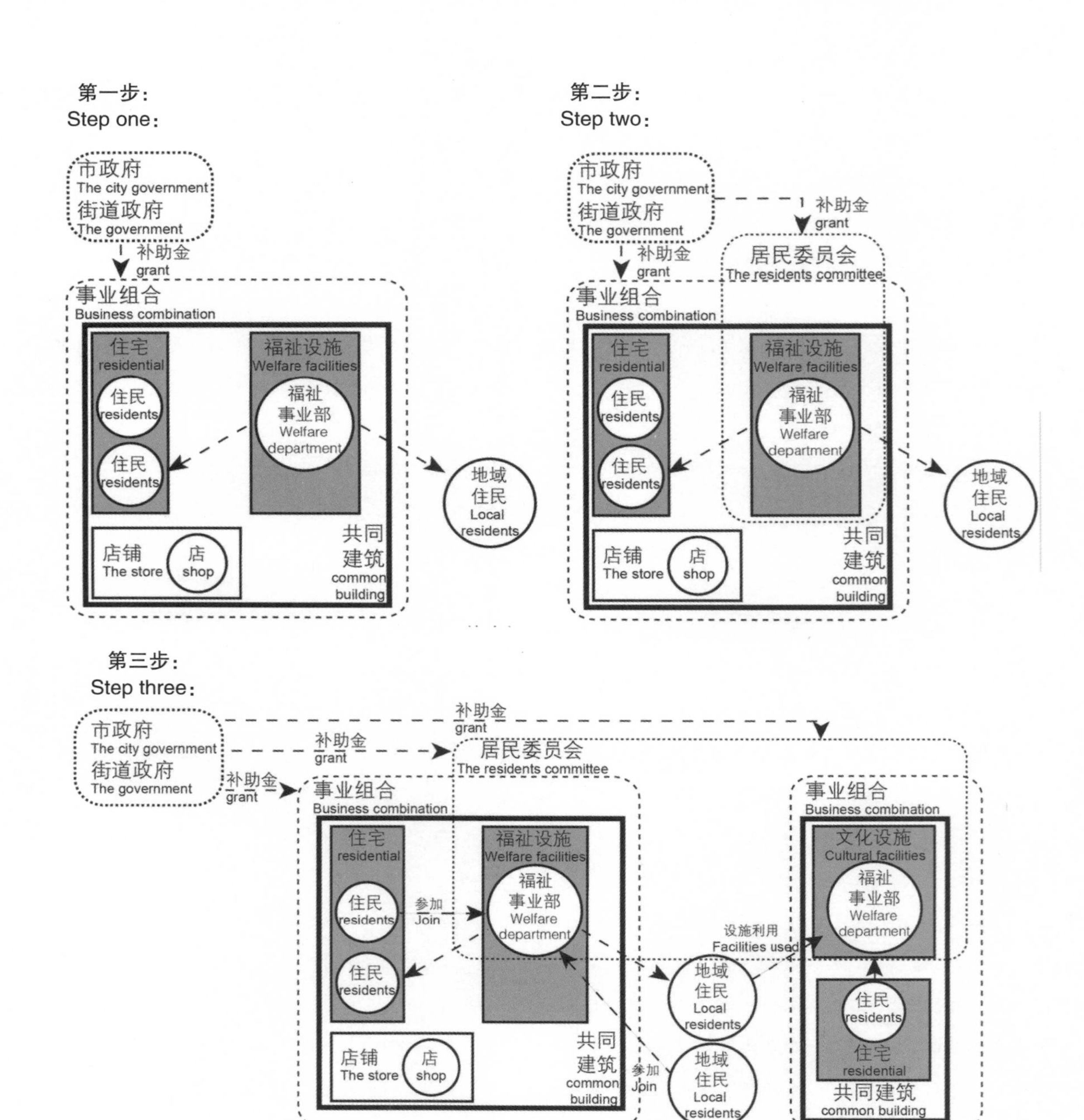
第一步：
Step one：
市政府
The city government
街道政府
The government
补助金
grant
事业组合
Business combination
住宅
residential
住民
residents
住民
residents
福祉设施
Welfare facilities
福祉
事业部
Welfare
department
地域
住民
Local
residents
店铺
The store
店
shop
共同
建筑
common
building
第二步：
Step two：
市政府
The city government
街道政府
The government
补助金
grant
补助金
grant
居民委员会
The residents committee
事业组合
Business combination
住宅
residential
住民
residents
住民
residents
福祉设施
Welfare facilities
福祉
事业部
Welfare
department
地域
住民
Local
residents
店铺
The store
店
shop
共同
建筑
common
building
第三步：
Step three：
市政府
The city government
街道政府
The government
补助金
grant
补助金
grant
补助金
grant
居民委员会
The residents committee
事业组合
Business combination
住宅
residential
住民
residents
参加
Join
住民
residents
福祉设施
Welfare facilities
福祉
事业部
Welfare
department
店铺
The store
店
shop
共同
建筑
common
building
参加
Join
地域
住民
Local
residents
地域
住民
Local
residents
设施利用
Facilities used
事业组合
Business combination
文化设施
Cultural facilities
福祉
事业部
Welfare
department
住民
residents
住宅
residential
共同建筑
common building

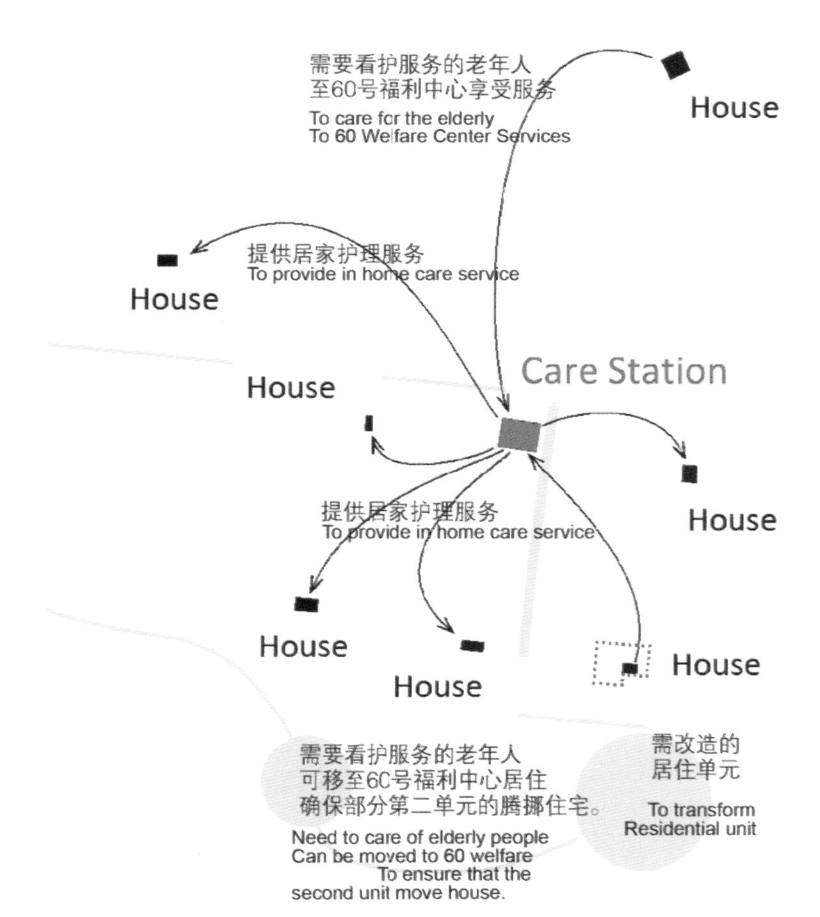

60号的老年养护中心，主要向周围居民提供居家护理服务的同时，并设置少数的老年人住宅（老年人入住＋护理服务）。

可接收社区内其他居住单元内的需要看护服务的老人，在其居住单元改造时，可以确保部分腾挪住宅。

Elderly care service center in No.60 mainly provide home-basic care for nearby. And it also has a few rooms for elderly and the nursing service. It can absorb other old people in the community who need nursing care. So a few house should be reserved for changing during the renewal process.

方案展现
Design scheme

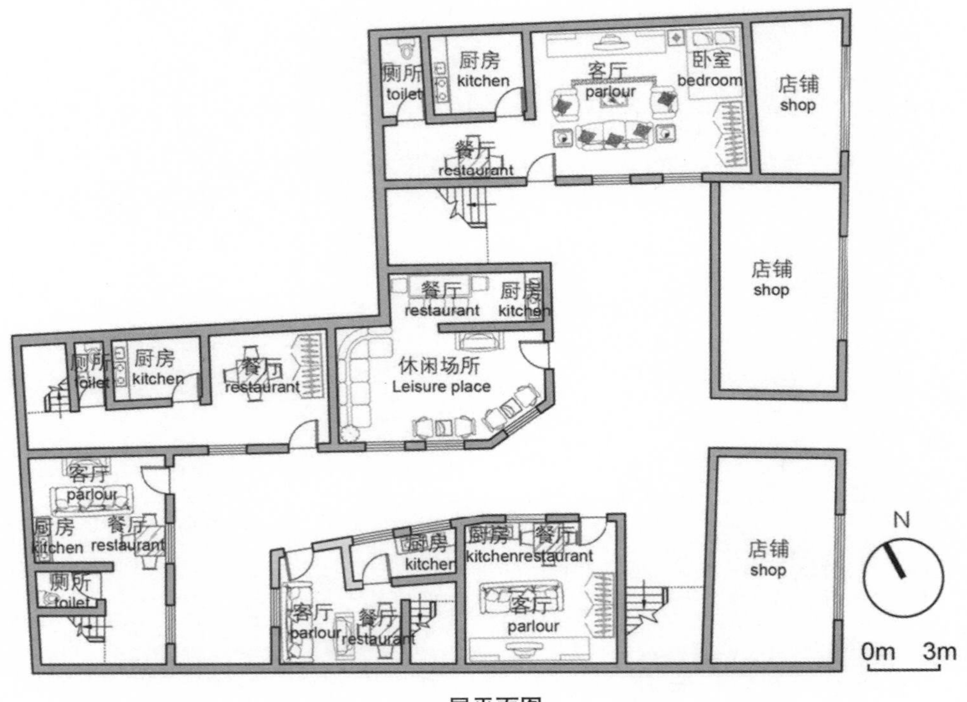

一层平面图
First floor plan

1. 在确保一定的公共面积的基础上，原居民可以每户统一增加 15m²。内部增设厨房、卫生间，以及内部楼梯（注：3 号、8 号、4 号居民是公共楼梯）。

2. 保留的公共面积部分，设置小型养老服务设施。一层为公共厨房及服务中心，60 号居民可以使用一层 的交流空间。二层设计为两个老年住房及公共无障碍卫生间。

3. 公共庭院空间的设置确保内部居民的交流及日照。

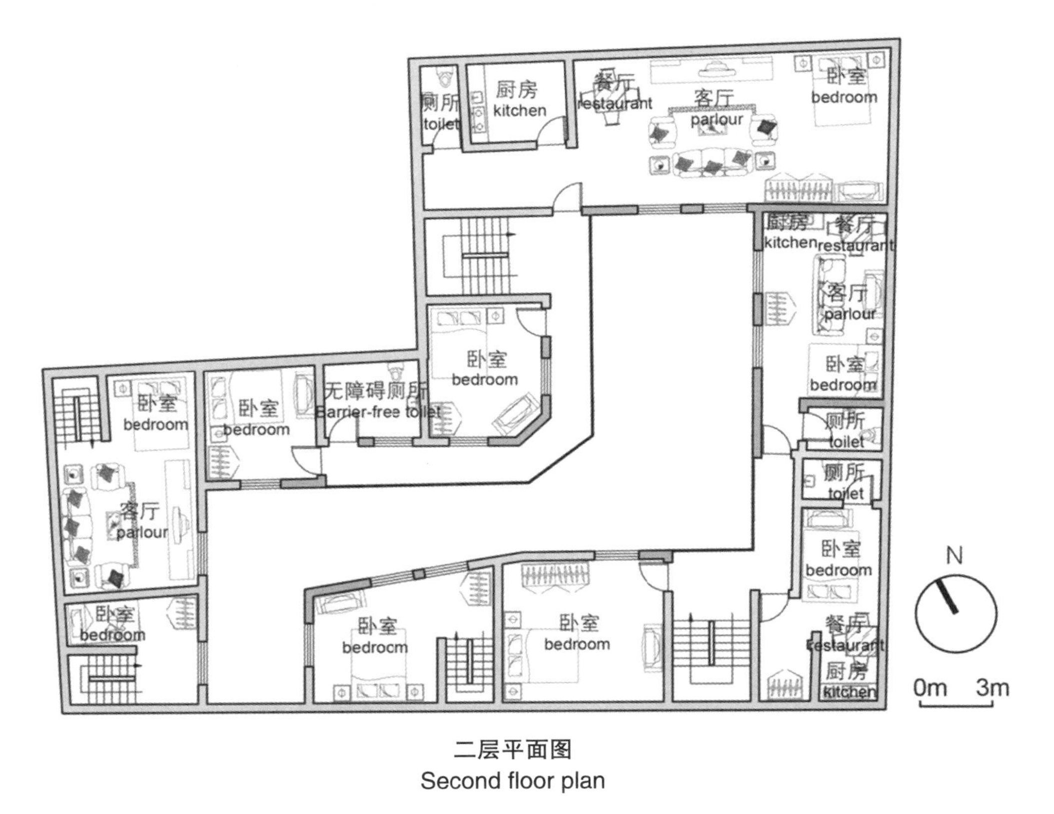

二层平面图
Second floor plan

1. Every household can gain additional 15 square meters under the premise of enough necessary public space. The kitchen, bathroom and internal staircase are increased.（Note：3，8，4 residents share public stairs）.

2. The public space preserved is use for small endowment service facility. The first floor are public kitchen and service center. All No. 60 residents can use this communication space. The second floor contains two apartment for elders and public barrier-free bathroom.

3. Public courtyard space settings ensure internal residents’ communication and sunshine.

60 号各住户配置方案图
Each Household Allocation Plans of No.60

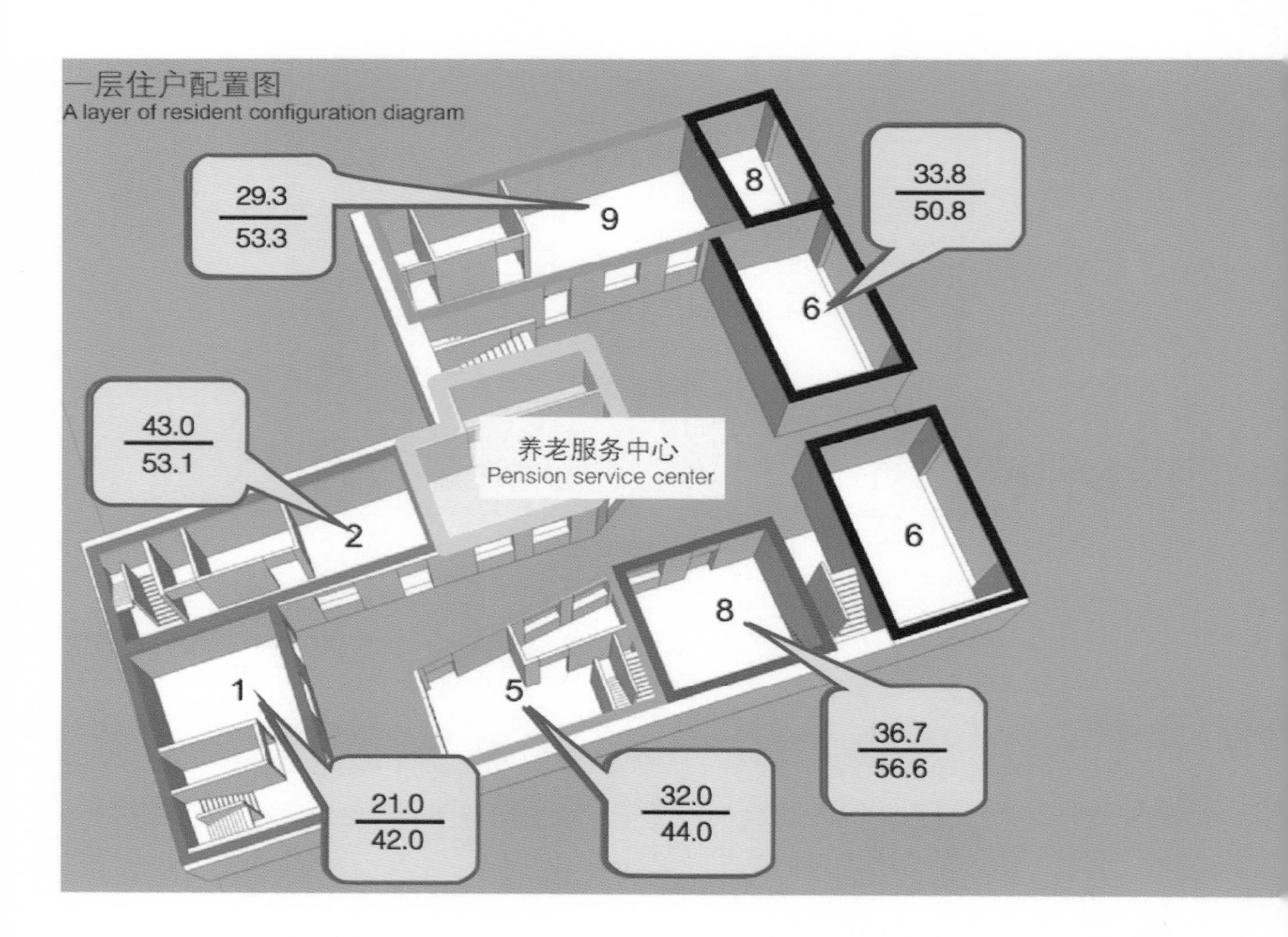

原居民可以每户统一增加 15m²。内部增设厨房、卫生间，以及内部楼梯。（注：3 号、8 号、4 号居民是公共楼梯）

Original residents can increase 15 square meters per household. Kitchen, bathroom and interior stair will be increased.（Note：3，8，4 residents are public stairs）

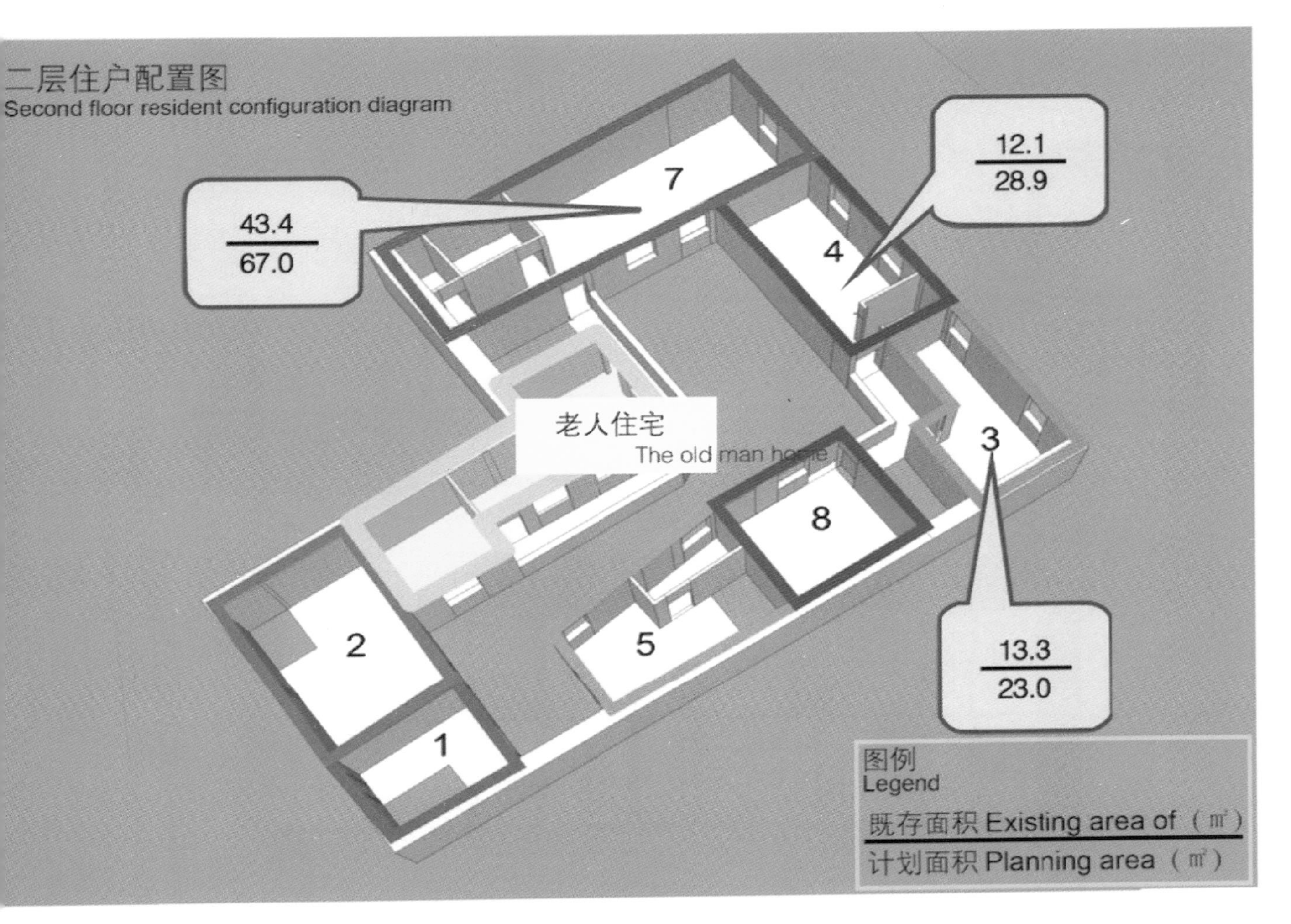

剖面图
Profile

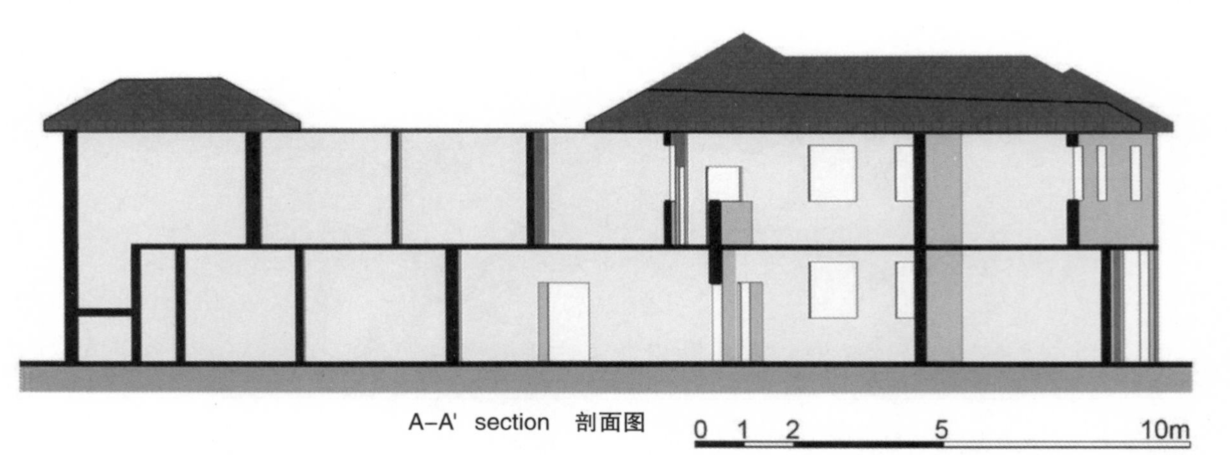

A–A' section 剖面图

0 1 2 5 10m

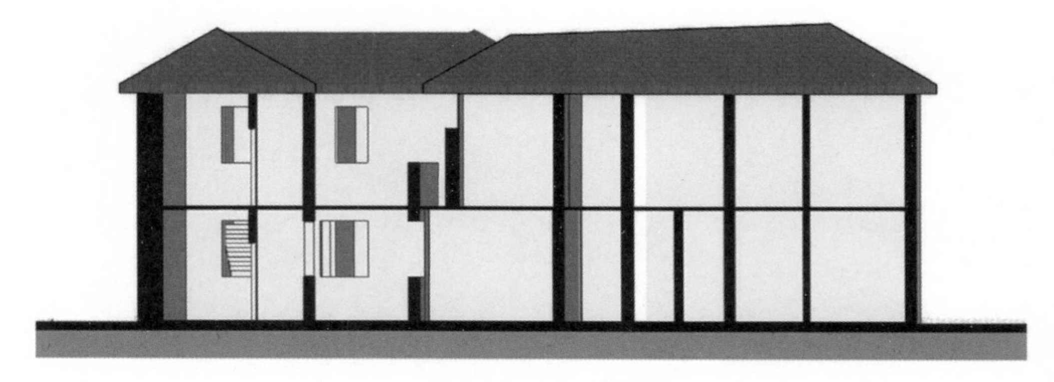

B–B' section 剖面图

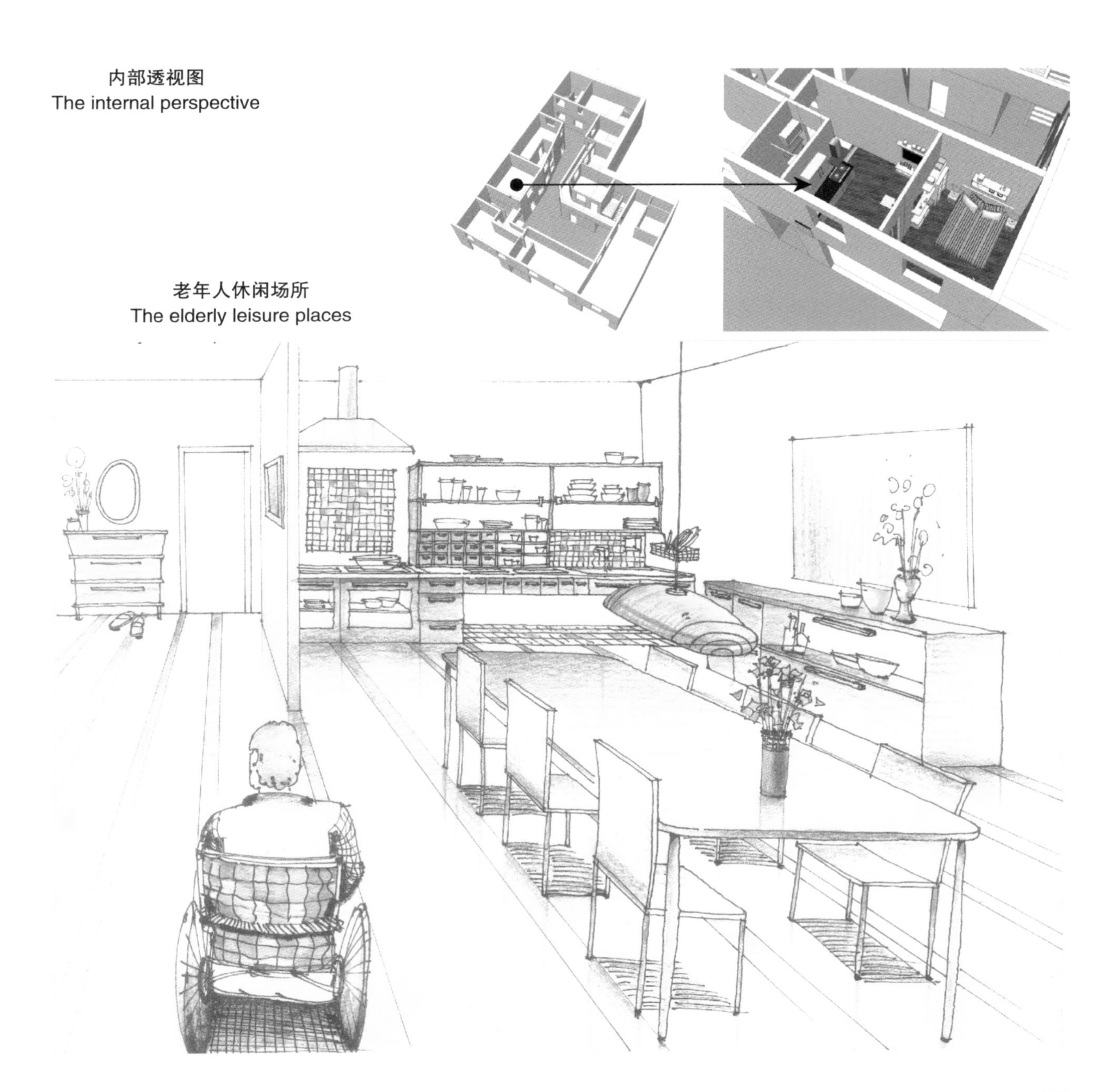

内部透视图
The internal perspective

老年人休闲场所
The elderly leisure places

方案三：小型民宿增长植入

Plan3：Guesthouse-implanted growth

在和大马弄 60 号居民的面对面交流过程中，可以发现几乎所有居民对现状生活并不满意。基础设施不齐全，房屋维修资金缺乏，邻里关系紧张，种种问题 表面指向院落的衰败，本质是社会弱势群体的产生。因此，需要为 60 号注入新的发展活力。

大马弄地处南宋大皇城遗址范围内，紧邻南宋御街、吴山等重要旅游景点，存在大量的潜在旅游人群。随着都市文化旅游的兴起以及民宿逐渐受到年轻旅游者的认可，通过在 60 号植入民宿功能实现旅游收入的方案具有了可实现性。民宿收入可以作为院落发展的基础资金，满足房屋的维修、居民生活的改善、政府投入的回报等需求。

本方案为每户居民住户增加了灵活的民宿经营空间，同时利用增加的公共空间作为民宿的公共服务空间。在相对公平的基础上，保证每户拥有合适的居住空间、完善的设施配备、充足的日照时间，甚至部分的生活收入，从而提高居民的生活质量，减少彼此间的矛盾冲突。

During the face to face communication with the residents, we find that people is not satisfied with living environment at all. The superficial reasons are the inadequate service facilities , the lack of rebuilding fund and bad relationship among the residents. But the essential reason is that they are the disadvantaged groups in the city. So it is necessary to develop.

Dama Lane is located at the original imperial city in the Southern Song Dynasty. It is next to some tourist attractions such as Wu Mountain and Imperial Street. There are a large number of potential visitors due to many cultural landscapes nearby. So it is possible to promote income by increasing B&B. This income can establish fund for repairing building, improving residents' living condition and retuning government' s investment.

We design variable B&B space for every household. And the added public space is also used for B&B service. We try our best to distribute the welfare establishment on fair to improve the quality of their living condition.

理念阐述
Elaboration of design concept

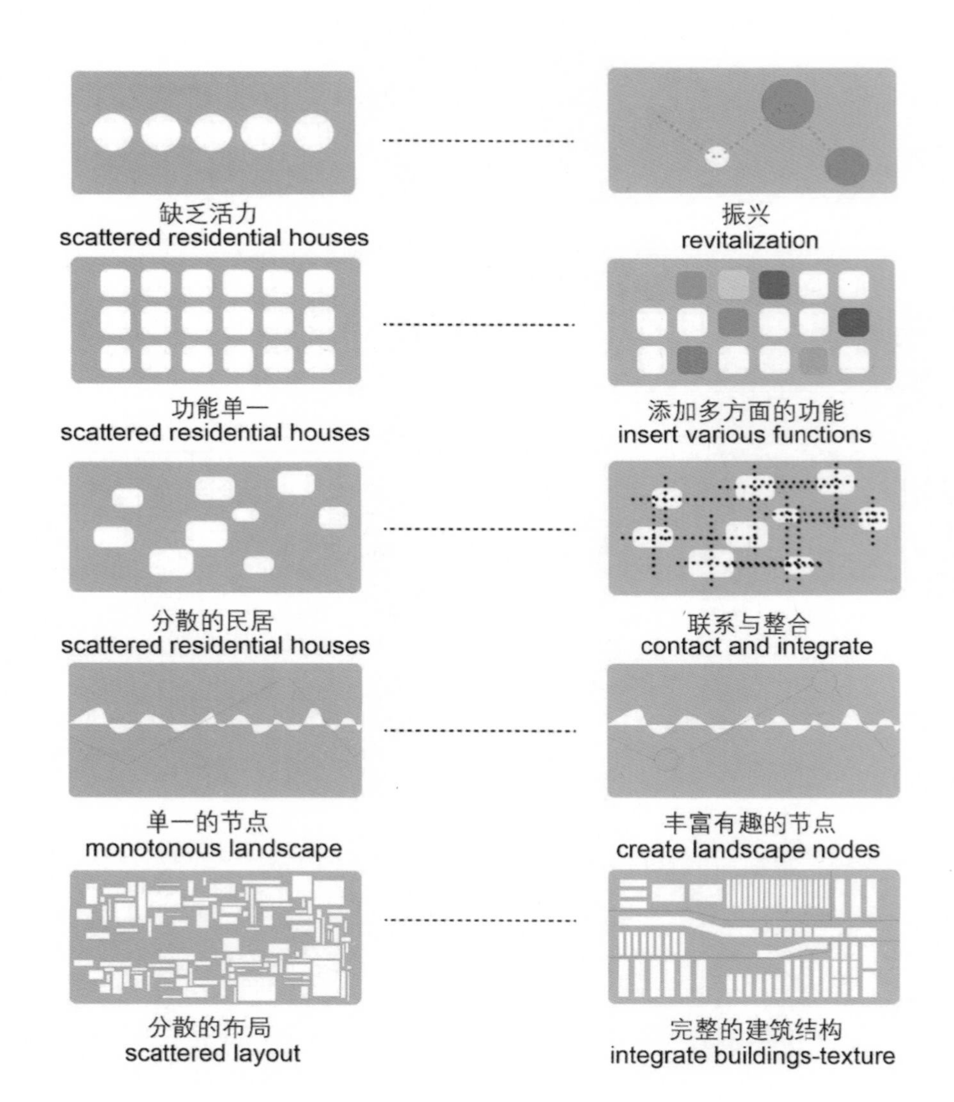

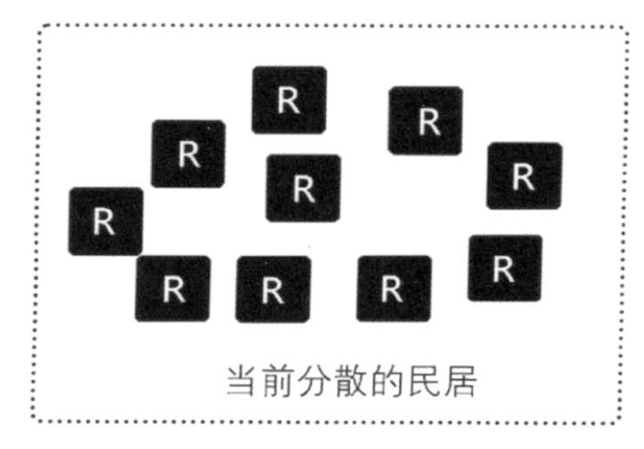

Current status of scattered residential houses

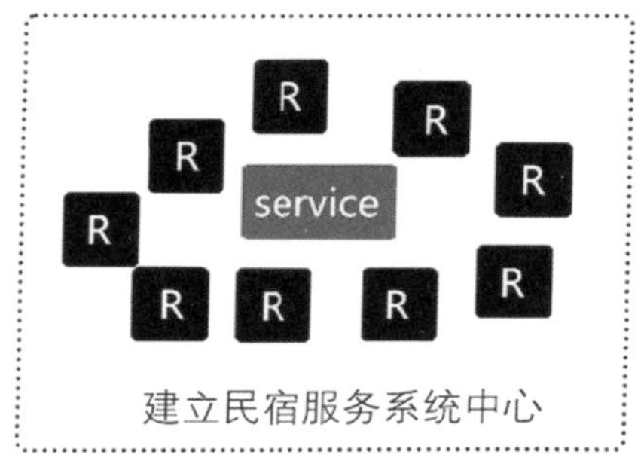

Establish service centre for
Residential House-Hotel sysem

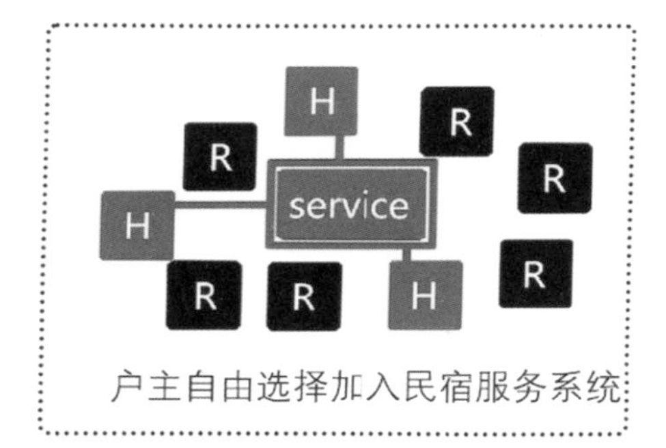

Householders choose freely
to join hotel service system

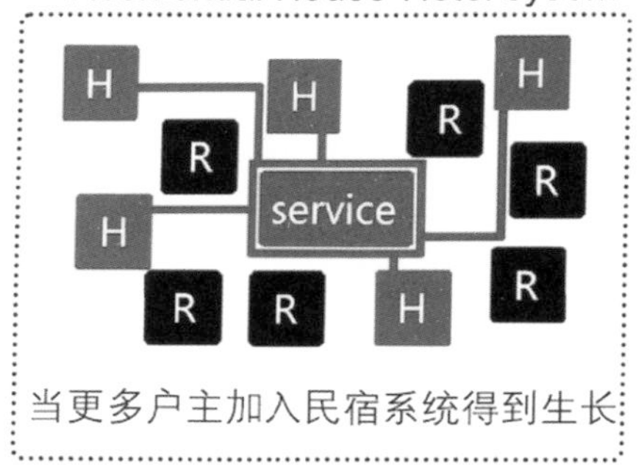

Farnily Hotel can be gtow up
when more householders want to join in

在大马弄所属的二十三坊区域内，游客比重较大，具备发展旅游基础设施的潜力。因此，考虑在60号增加居住面积部分植入小型民宿，一方面可以将民宿的赢利部分作为房屋维修基金、政府投资回报和居民收入补助，另一方面二十三坊内部其他居住单元可以仿效60号的改造模式，形成小型民宿区域增长植入 系统，提升整个区域的活力。

There are a large number of visitors in Dama Lane. It has potential to build the relevant tour infrastructure in the future. So we design the mini hotel in No.60 to obtain the fund for keeping the comfortable living environment here. The buildings in this area can copy the way to develop.

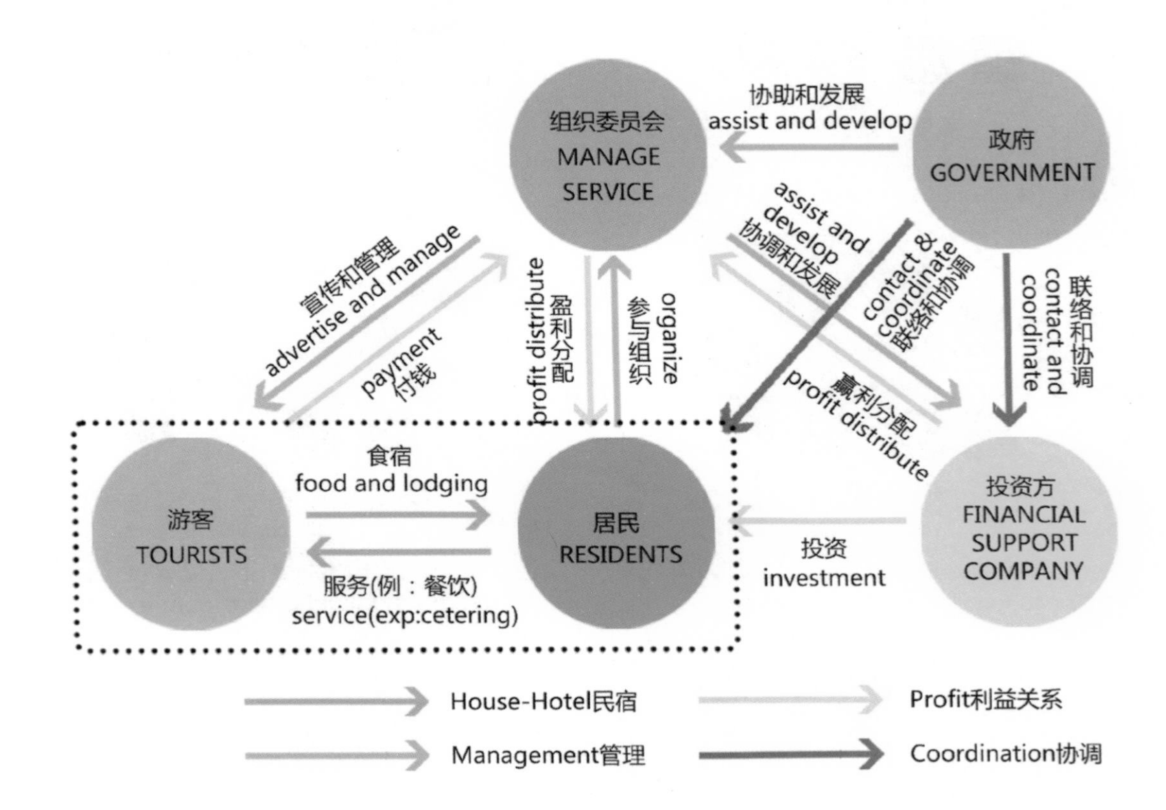

由政府、投资者、居委会组织、居民和游客组成一个完整的利益关系链。通过经营民宿，建立一种可持续的商业模式，最终实现历史社区的新发展。其中，5 年短期目标为：由政府、投资者和居民共同组成组织委员会，对民宿的相关规则事项进行管理，然后由居民提供食宿等服务，获得的收益由组织委员会分配给居民和投资者作为经营利润以及日常维护。

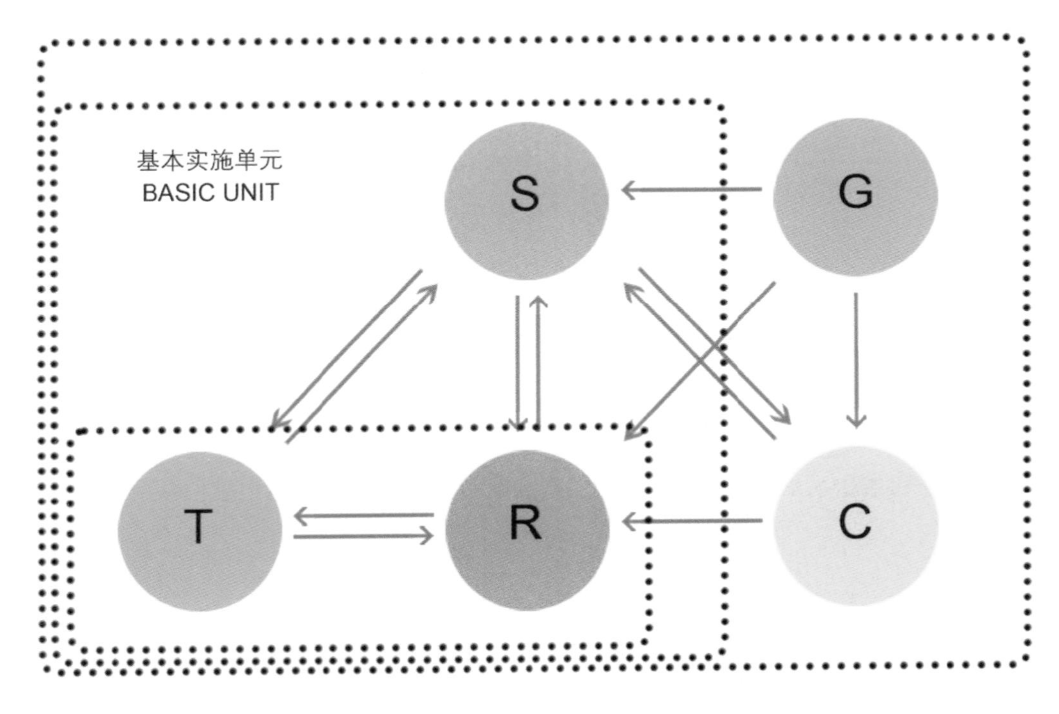

短期实施目标（5 年）
SHORT TERM PROCESS（5years）

The stakeholder chain consists of the government, investors, neighborhood committee, residents and visitors. A sustainable business model of running the hotel will be set up to develop the historical community. The target is that the committee containing the government, investors and residents can manage the hotel in the next five years. The residents provide the service. And the income allocated by the committee is used for residents' and investors' profit, as well as daily maintenance.

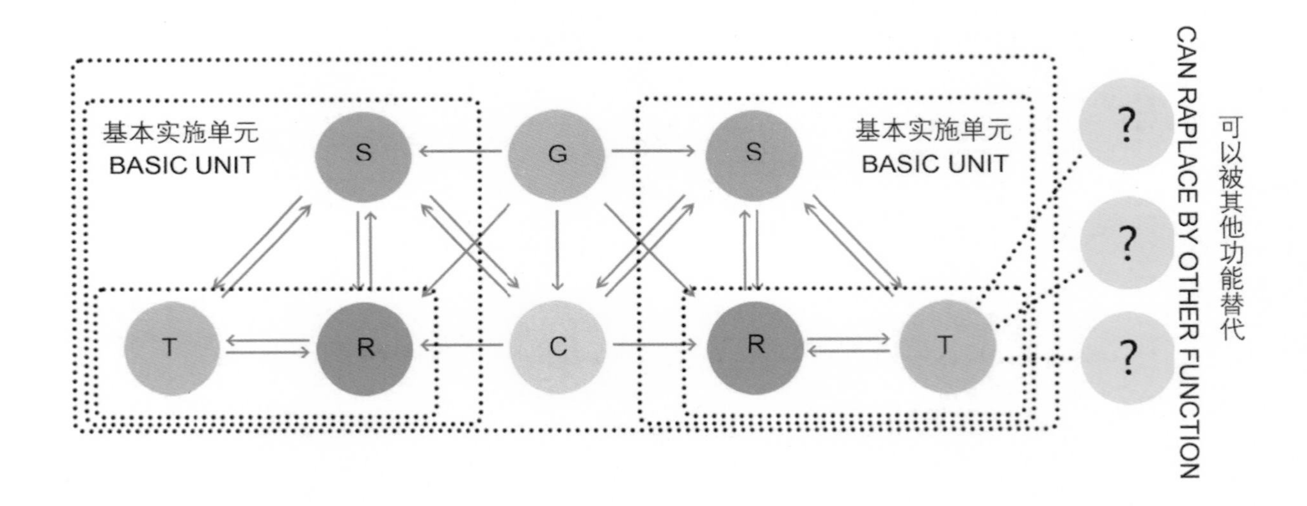

中期实施目标（10年）
MIDDLE TERM PROCESS（10years）

短期实现后会带动更多的单元来使这套系统更加成熟与壮大，民宿餐饮业可以被更多的功能所替代，获得更大的收益，实现中期目标。

系统成熟后逐渐不需要投资者的投资，并可以使投资者赚回成本并收获利润，老社区也会日渐成为真正的自给自足的新型社区。

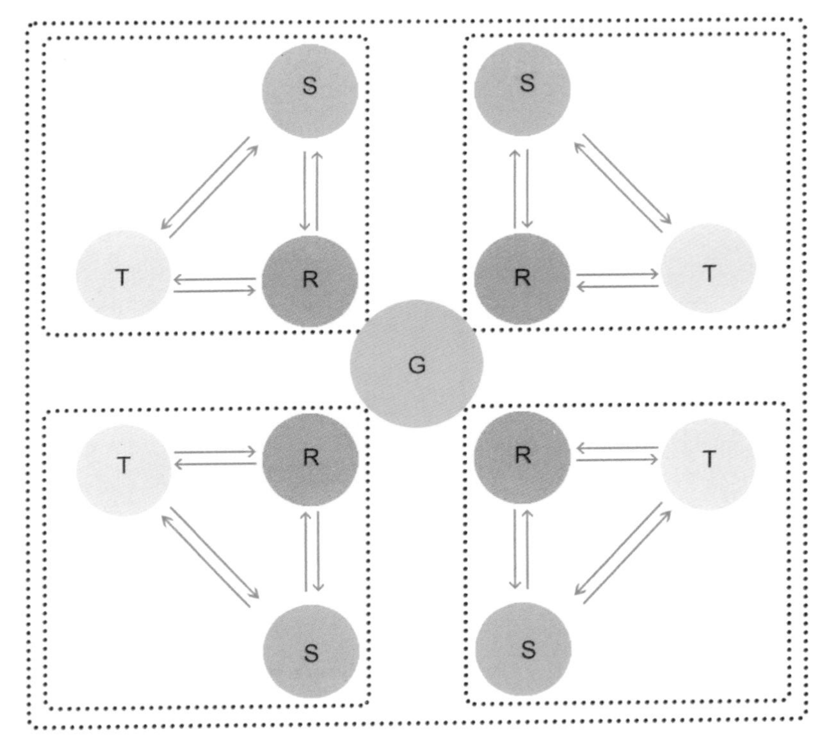

长期实施目标（20 年）
LONG TERM PROCESS（20years）

The short-term success will attract more units using this system. B&B will be replaced by other functions. It will take more income to achieve medium-term target.

When the system becomes matured，the investors will cover costs and gain incomes. And the community will be self-sufficient.

方案展示
Design scheme

一层平面图
First floor plan

二层平面图
Second floor plan

方案展示
Design scheme

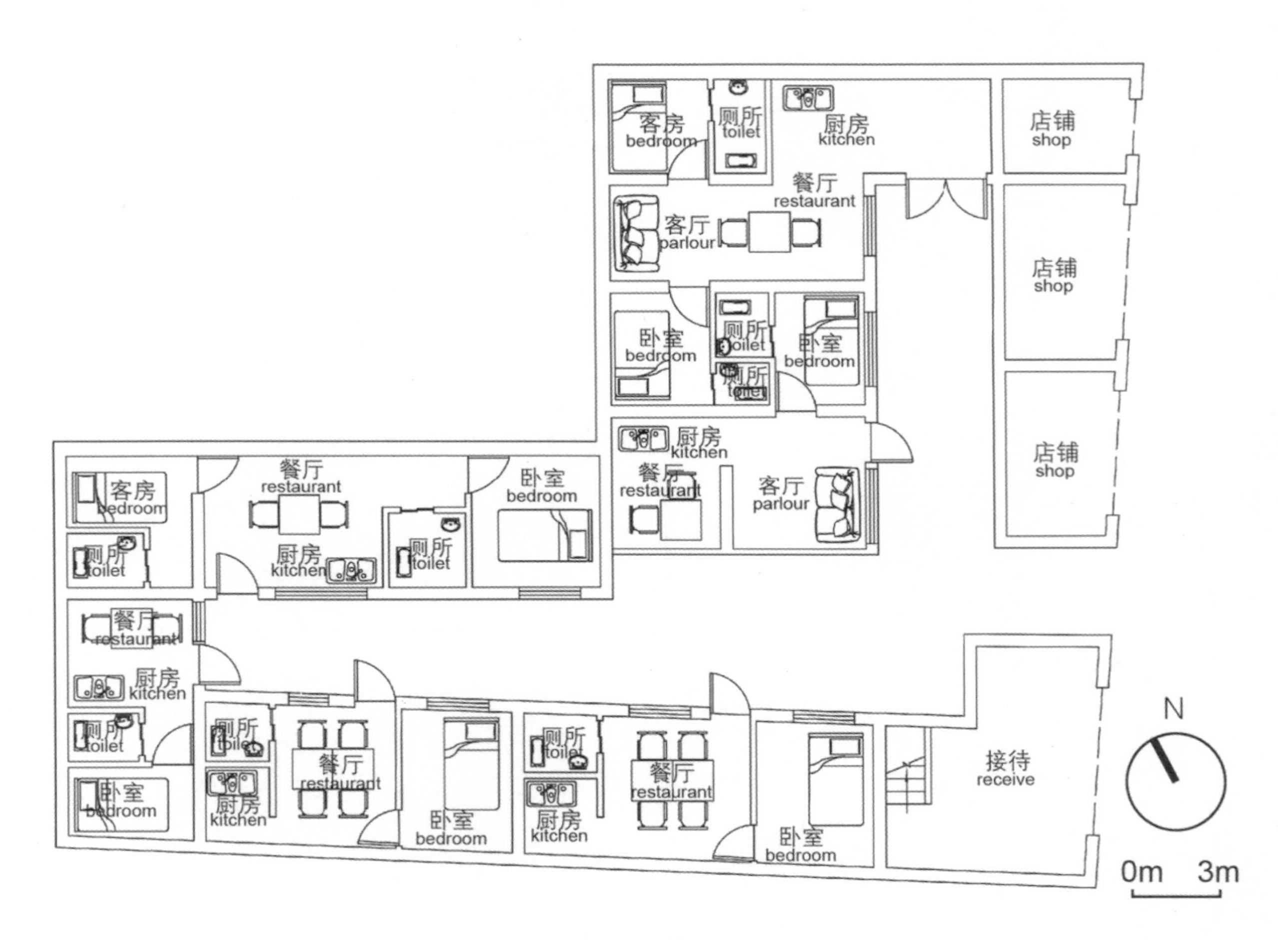

一层平面图
First floor plan

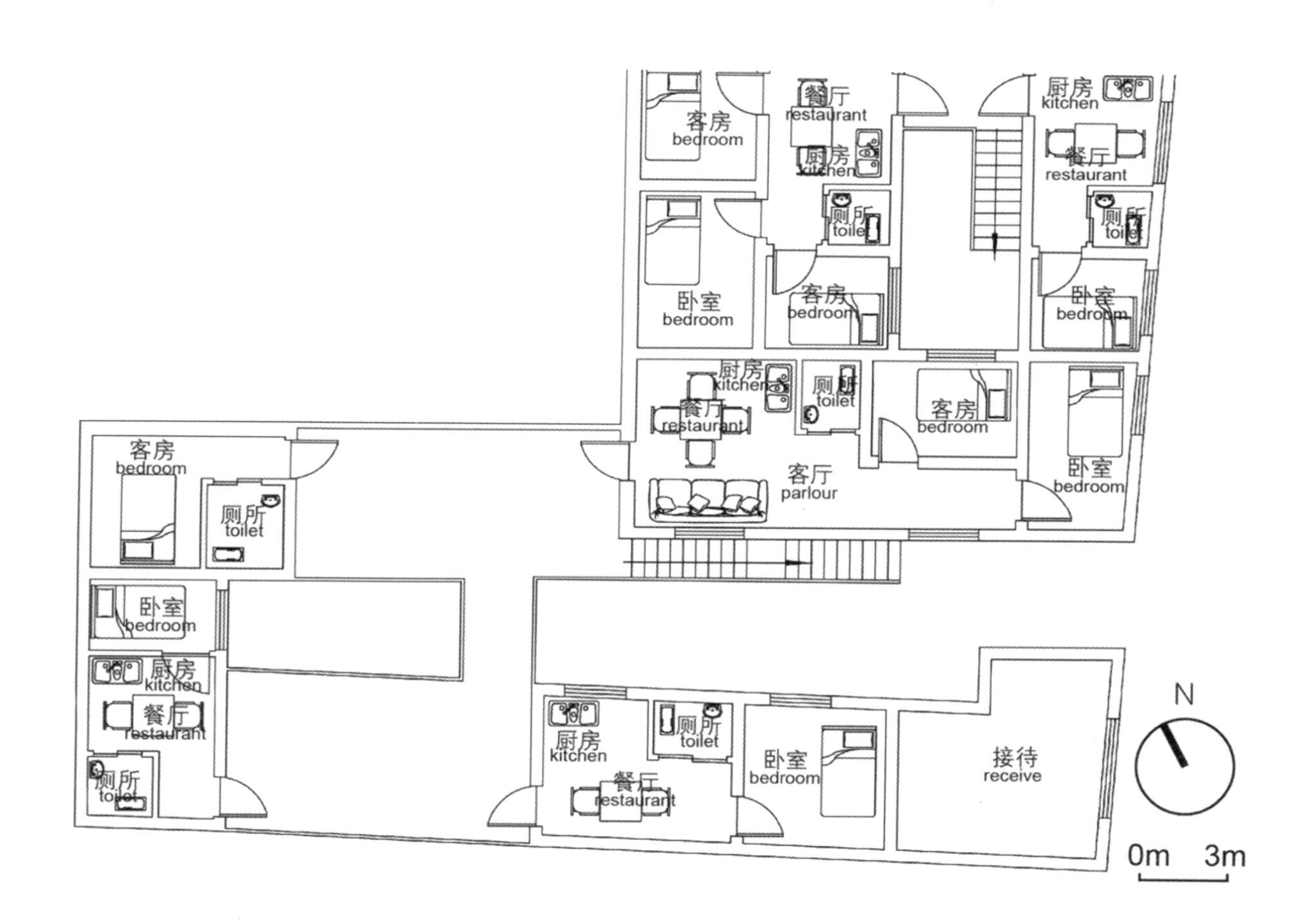

二层平面图
Second floor plan

方案展示
Design scheme

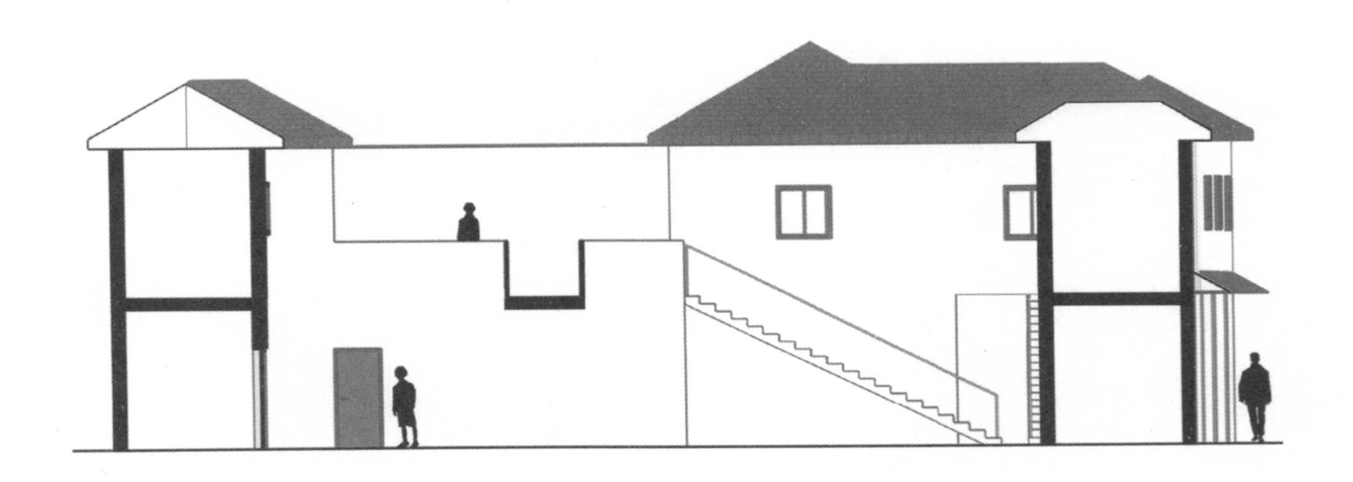

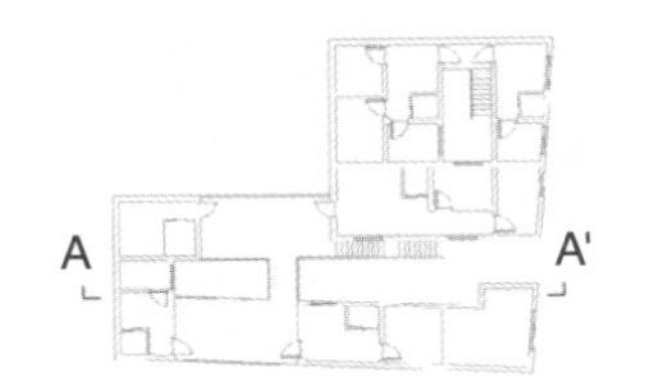

A–A' section 剖面图

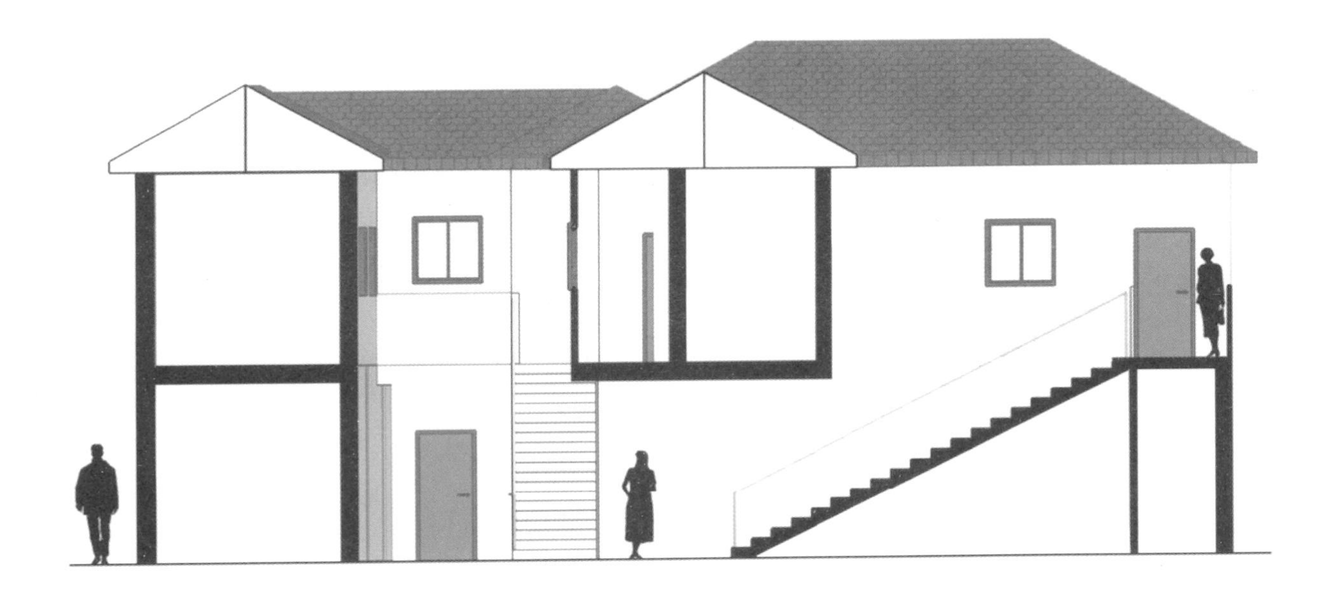

B–B' section 剖面图

方案展示
Design scheme

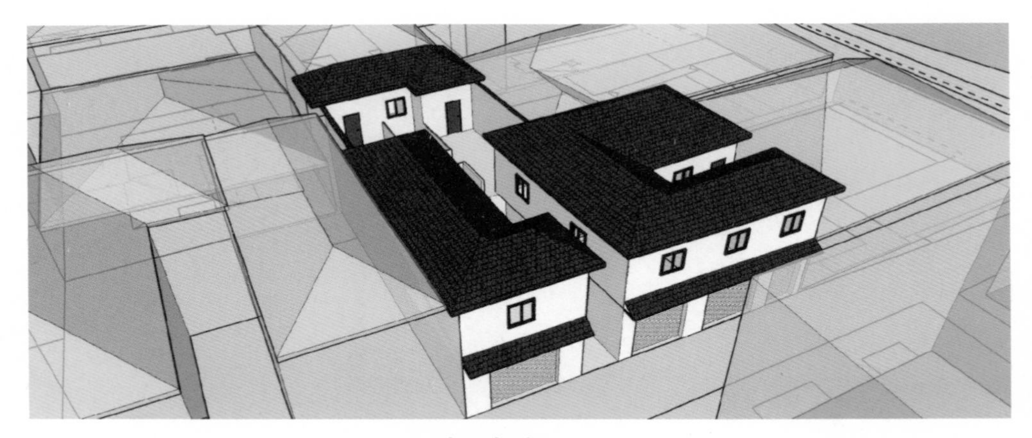

南面鸟瞰图
South aerial view

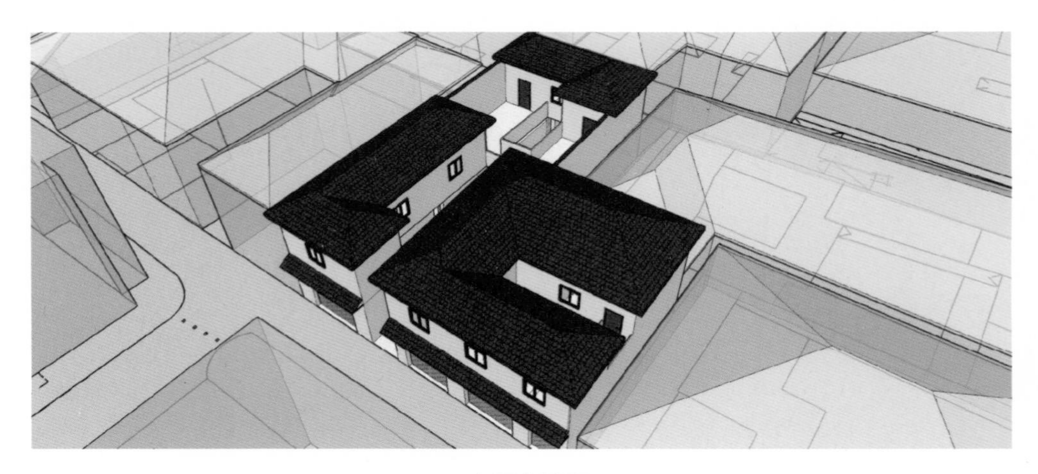

东面鸟瞰图
East aerial view

效果图
Perspective

居民和专家会议
Residents and Expert Meeting

修
自由选号
7773391695

在为期一周的工作坊工作过程中，召开了两次正式的工作会议。在中期，面向大马弄 60 号所有住户召开了居民现场会议。针对居民代表公众参与所提出的意见和建议，三个小组适当调整了过程方案，并在随后举行的专家评审会议上，向管理者和学者汇报了最终成果。

在居民现场会议中，住户代表在听取三个方案的汇报后，主要提出三方面的问题和意见：产权的转换和落实是推进更新工作的前提，现有工业用地的土地性质导致居民上学、入户、婚嫁等问题无法落实，包括公租房等社会福利政策无法引入；绝对公平是几乎所有居民的一致诉求，居民希望每户增加的居住面积数量相同；居住需求是几乎所有居民的唯一需求，居民不希望从可持续发展的角度引入老年人福利设施和增加居民收入的民宿，而仅要求提升居住舒适性。

There were two formal conferences during the workshop. The first conference was held for all residents in No.60. Three design groups adjusted their plans according to suggestion from the residents. Then they reported their final plans to the government and officials and scholars in the second conference.

The representatives of residents gave three suggestions after reports. The first was that the ownership should be transferred from public to private in advance. There had been some difficulties about attending school, obtaining a residence permit and marriage because of industrial land property. The second was absolutely fair. Every resident wanted to take off the same area of increasing living space. The third was rejecting to add welfare facility and B&B for sustainable development. The residents just wanted to improve living condition.

“社区渐进更新”五校联合
浙江大学、浙江大学
学院、日本早

专家会议专家意见：

（1）社区主任：前面历次更新的结果都以失败告终，中间有资金的原因，但更重要的是人的因素，如何让居民能够理解和支持，既是成功的基础，更是实现居民自治理想的起点。这就需要全面缜密的谋划和不断推进，让居民能够预见发生的改变，并不断见证改变的过程。

（2）政研室：杭州市已经开展了“背街小巷整治”为主要内容的城市历史住区渐进更新，在保持原有形态和对周边无影响的情况下去改善居住条件。本次工作坊的核心方法论系统和专业，如果能够与杭州市开展既有的工作实践有效联系，增强与现有政策的对接性和可实施性，就具备了较大的普世价值。

（3）韩明清：从城市更新的角度来看，工作坊所提出的方法论为老龄化设施配套和历史风貌保护需求的老住区更新开启了一个新的思维，这也符合新型城市化发展的大背景。在具体过程中，需要有更加详尽的调研，包括政府、居民等不同主体的全面需求，对此提出的对策更具针对性。需要补充的是，政府有危旧房改造资金的预算，甚至可以提出像日本一样引进企业资金的新思路，形成多种资金渠道的合作式更新。当前，这一切的前提是明晰产权。

The experts' suggestions:

(1) The director of community: The previous renewal had failed at all. Although money was one of the problems, people were the most important one. Residents' understanding and supporting was basement of success. It was also the starting point of residents' autonomy. It was necessary to make a comprehensive plan and execute the plan timely. And the residents would foresee and witness the change.

(2) Policy Research Center of Hangzhou government: The government had been carrying out incremental renewal plan for back streets in historical districts. The living condition was improved without changing original form and the surroundings. The plan methodology was systematic and professional. It was extremely valuable if this methodology could be used effectively in the government's relating work.

(3) Mingqing Han: From the perspective of urban renewal, the methodology used in workshop had brought up a new way for the historic district to increase welfare facility and protect the historical features. It was a style of new urbanization. There would be more specific investigation about the requirements of government and residents. And the policy suggested would be more suitable. In addition, the government should have the budget for renewal. It could also absorb enterprise to cooperate with each other like Japan. However, the property's clear assignment was the premise of all.

（4）孙施文：就本项目而言，第一步是确权问题，按照现有政策，政府无法在既有行政框架内彻底解决更新难题；第二步是腾挪问题，社会结构发生改变，居民是否愿意接受改变；第三步是改造问题，这是相对比较容易解决的，不用政府出钱，居民完全可以自己启动。

（5）赵城崎：对于杭州历史街区内的住区更新而言，首先需要坚持四个原则：原本性，不大拆大建；整体性，需要整体改造，配备最基础的居住设施；客观性，需要给住户提供真正的方便；可持续性。其次，需要考虑居民意愿。再次，要考虑技术上的可行性，需要有技术方案。最后，要考虑法律法规，政府部门需要依法行政。

（4）Shiwen Sun：In this subject，the property assignment is the first problem. According to the current policy，government couldn' t completely solve this problem. The second problem was that if the residents accept to change the living space or not. The last one was the rebuilding. And it was easy that the residents could deal with by themselves without government' s money.

（5）Chengqi Zhao：There were four principles for residential area renewal in Hangzhou historical districts. The first was authenticity，unity and objectivity. There was no larger-scale demolition. And basic living facility was necessary. The second was considering residents' desire. The third was feasible technology scheme. The last was obeying laws.

僑之家
“社区渐进更新”五校联合国际设计工作坊
日本金泽大学

致谢

Acknowledgements

本书是对浙江大学、浙江大学城市学院、日本早稻田大学、日本东京工业大学合办的《基于可选择型社区空间管理的中国社区参与和自律改善 2011—2013》课题在杭州市上城区望江街道、湖滨街道和紫阳街道三个场地的实地调研，以及在紫阳街道一个传统居住院落开展的居民参与历史地段社区渐进更新工作坊的一点小结。

全书共分四个部分，其中，第一部分是本课题的背景、意义与方法，第二部分是工作坊的场地分析，第三部分是工作坊的设计方案，第四部分是工作坊的居民和专家会议实录。在这里，要特别感谢主持这一课题与工作坊，并为本书撰写序言的浙江大学城市规划与设计研究所所长华晨教授和日本早稻田大学佐藤滋教授。本书的写作还特别得到了同济大学建筑与城市规划学院孙施文教授，杭州市文化广电新闻出版局李一青副局长（时任紫阳街道党工委书记），杭州市上城区国土资源局陈勇局长，浙江大学城市学院创意与艺术设计学院原书记徐波、杨程副院长、张云副院长、张越副教授、王玥老师，杭州师范大学吴骏老师以及杭州上城区政府和紫阳街道多位官员的热情鼓励和帮助。

参加本次工作坊的中方学生包括：浙江大学规划系的陈洁琳、黄蕴翼、李宏捷、李睿泠、马艺婧、姚绮菁、潜莎娅，浙江大学城市学院环境设计系的方芬、顾雪晶、郭人歌、洪雪琪、罗英鹏、毛子豪、钱嘉怡、朱家辉，早稻田大学的丹野胜太、NAKYUNCHON、小林真大、箱崎早苗、益子智之、张晓菲，东京工业大学的吉田真希、加纳亮介、菊地原悠马。他们为工作坊投入了为期两周的紧张工作。其中，钱嘉怡、罗英鹏、方芬、顾雪晶及郭人歌参与了本书后期的整理和编辑工作，张晓菲和益子智之为本书第一部分撰写了分析文章，在此一并表示感谢。

本书的出版还得到国家住房和城乡建设部 2015 科技计划（2015-R2-061）的资助。

作者

2016 年 6 月 4 日于杭州